“泛IP”语境下IP产品设计

张振中　著

黄河水利出版社
·郑　州·

内 容 简 介

本书以IP产品设计为研究对象，从“泛IP”的角度阐释IP产品的设计概念及发展历史、展示IP的分类及IP产品的种类，分析“泛IP”语境下IP产品设计的意义，探究“泛IP”语境下IP产品设计的特征和设计原则，研究“泛IP”语境下IP产品设计的内容传达，探讨“泛IP”语境下IP产品设计的市场调查方法和设计开发流程，思考“泛IP”语境下的新经济模式与IP产品设计之间的关系。希望通过本书带给大家关于“泛IP”语境下IP产品设计的新思考。

图书在版编目（CIP）数据

“泛IP”语境下IP产品设计 / 张振中著. --郑州：黄河水利出版社，2024.9. --ISBN 978-7-5509-3997-4

Ⅰ. TB472

中国国家版本馆CIP数据核字第2024HK2861号

责任编辑 李晓红　　责任校对 王单飞
封面设计 黄瑞宁　　责任监制 常红昕
出版发行 黄河水利出版社
地址：河南省郑州市顺河路49号　邮政编码：450003
网址：www.yrcp.com　E-mail：hhslcbs@126.com
发行部电话：0371-66020550
承印单位 河南瑞之光印刷股份有限公司
开　　本 787 mm×1 092 mm　1/16
印　　张 16.5
字　　数 194千字
版次印次 2024年9月第1版　　2024年9月第1次印刷

定　　价 68.00元

前　言

"泛IP"是"泛文化"社会产生的一种文化现象，是对文化内容的一种新的理解，也是一个丰富和多层次的文化概念。伴随着我国不断进入"文化消费"时代，IP产品成为这个时代最具代表意义的产品形态。

2015年IP概念在我国开始广为流行，IP产品设计也逐渐在各高校产品设计教育中得到重视。郑州商学院产品设计教研室也将IP产品设计的内容引入课程体系中。其教学目标设置，是让同学们在课程学习中了解IP产品设计的概念、定义、形式、内容、分类、意义、属性等知识，掌握IP产品的设计原则、设计表达、设计程序与方法及市场运行的规律。希望能够将IP的知识内容与产品设计相结合，创新出满足IP赋能和实现产品对IP文化宣传的商品。在课程教学中与IP产品设计相关的理论教学部分亟须参考书籍，而当前市场上所出版的与"IP产品设计"相关的书籍却少有针对IP产品设计理论进行论述的著作，更多的是作为IP产品案例介绍与展示的书籍，这样的图书并不足以支撑新时代高校对"IP产品设计"教学的理论参考，对全面系统地了解IP产品设计体系构架还存在不足。基于以上原因，更加坚定了出版本书的决心。其目的是希望本书能够成为一本面向各高校产品设计专业"IP产品设计"相关内容教学的理论参考书籍。

IP产品设计本身就是一种创新活动，通过对多元文化的理解和提炼，创造出新颖独特、富含文化价值的商品和服务。IP产品设计经常伴随着创业活动的发生，通过独特的IP产品打入市场，创建自己的品牌，开辟新的市场领域。通过商业化运作将其转化为具有竞争力的文化商品。创新创业精神也推动了IP产品设计的发展，使得IP产品能够更加符合市场趋势，更能满足消费者个性化、差异化的需求，提高产品的附加值和竞争力。许多成功的企业都是依靠IP赋能创新，结合有效的市场营销策略和商业模式创新，实现了从无到有、从小到大的成长过程。因此，本书也能作为文化创意产业管理及运营等领域人员进行创新开发和运营管理的参考资料。

本书以IP产品设计为研究对象，从“泛IP”的视角阐释IP产品设计的概念及发展历史，展示的IP分类及IP产品的种类，分析“泛IP”语境下IP产品设计的意义，探究“泛IP”语境下IP产品设计的特征和设计原则，研究“泛IP”语境下IP产品设计的文化内容传达，介绍IP产品设计的市场调查方法，探讨“泛IP”语境下IP产品的设计与开发，思考“泛IP”语境下的新经济模式与IP产品设计之间的关系。本书是作者站在设计学的角度，深度研究“泛IP”语境下IP产品设计基础理论的学术著作。本书体现了作者对“泛IP”语境下IP产品设计逻辑、设计思维、设计理念的研究和思考。

本书共分为十章，包括：第一章“泛IP”语境下IP产品设计概述；第二章“泛IP”语境下IP分类；第三章“泛IP”语境下IP产品的种类；第四章“泛IP”语境下IP产品设计意义；第五章“泛IP”语境下IP产品设计特征；第六章“泛IP”语境下IP产品设计原则；第七章IP“泛IP”语境下产品设计的内容传达；第八章IP产品设计与开发市场调研；第九章“泛IP”语境下IP产品的设计与开发；第十章“泛IP”语境下新经济模式与IP产品设计。

第一章“泛IP”语境下IP产品设计概述。介绍文化产业，IP概念及IP的发展历史，论述“泛娱乐”与“泛文化”、“泛IP”与“泛IP化”的时代背景，分析IP的价值和意义，从产品设计与IP的关系来阐述IP产品设计，并从设计学的视角来分析IP产品与设计之间的关系、IP营销及IP与品牌的关系。探讨在“泛IP”语境下IP的共同认知、IP的流量属性、IP的话题性、IP的情感认同、IP赋能作用、IP授权与IP文创产品的区别与联系，分析IP产品的消费对象与产业链相关人群。

第二章“泛IP”语境下IP分类。主要介绍当下我国主流的IP形式，虽然是以罗列的方式进行呈现，但是力求明确清晰，具有案例说服性。当下市场中更多的IP分类，主要是以IP的内容来源渠道进行的分类。可以分为文学IP、影视IP、动漫IP、游戏IP、人物IP、历史文化IP、节日文化IP、红色文化IP、乡村文化IP、地域文化IP、民族文化IP、企业文化IP、博物馆IP、艺术文化IP、体育运动IP、院校文化IP等。具体的IP形式还应考虑其所处的特定环境而进行综合的判定。明确不同类型的IP能够为后续的IP产品设计提供设计定位的基础，对IP产品设计有着指导性的意义，是打造“现象级”超级IP的关键因素。

第三章“泛IP”语境下IP产品的种类。IP产品设计是IP融入产品设计的应用形式，包括IP衍生产品和文创IP产品两大类。IP衍生产品又叫IP周边产品，是按IP主题类型进行的分类，主要包含影视、游戏、动漫等IP所衍生出来的产品。而文创IP产品则是根据IP主题内容所处的应用场景不同而进行的分类，主要包含企业文化礼品、博物馆IP产品、IP主题玩具、乡村IP文创产品、红色IP文创产品、体育IP文创产品、院校IP文创产品、景区IP纪念品、IP文创包装、IP文创食品、数字藏品等。

第四章“泛IP”语境下IP产品设计意义。从“泛IP”的角度来探究“文化消费”形式与IP产品设计之间的关联。分析IP产品设计的社会价值、情感价值、商业价值、文化宣传价值、流量价值、品牌价值和圈层价值，研究IP赋能产品设计过程中IP与产品设计融合的意义，并通过将IP产品设计与玩具行业、食品行业、服装行业、快消品行业、装饰用品行业、生活用品行业、运动及户外用品行业、礼品行业、旅游行业、文博行业、教育培训行业、包装行业等各产品应用相结合，试图寻找“泛IP”语境下IP产品设计中的意义。

第五章“泛IP”语境下IP产品设计特征。IP产品设计的特征是在IP产品设计过程中，对满足“泛IP”语境下IP产品所要达到的设计目标的归纳与总结。通过对IP产品设计的特征（包括主题性特征、文化性特征、传达性特征、纪念性特征、时代性特征、话题性特征、时效性特征、营销性特征等）的研究，更为全面地展示IP产品的内涵。也希望能够通过对IP产品特征的分析，进一步展现IP产品与功能性产品的区别与差异。

第六章“泛IP”语境下IP产品设计原则。为了设计更好、更新的符合“泛IP”语境下“文化消费”需求的IP产品，应遵循实用性原则、艺术性原则、经济性原则、地域性原则、民族性原则、便携性原则、趣味性原则、体验性原则、叙事性原则、时尚性原则、情感性原则、仪式性原则、契合性原则、迭代性原则、系统性原则、系列性原则等。这些原则构成了IP产品设计最为核心的内容。

第七章“泛IP”语境下IP产品设计的内容传达。通过介绍IP产品设计的形象语意传达（包括符号语意、文字语意、图案语意、造型语意等四个方面）、IP产品设计的意象语意传达、IP产品设计的交互语意传达、IP产品设计的无意识语意传达、IP产品设计的情感语意传达，分析IP产品的叙事设计的意义，研究IP产品叙事设计手法，最后探讨IP形象在IP产品设计中的意义。

第八章IP产品设计与开发市场调研。在“泛IP”语境下IP产品设计市场调研包括市场调研目的及其重要性、市场调研对象、市场调查方法、市场调研分析、市场调研结论、市场调研如何影响设计实践等内容，通过以上各内容的介绍，全面系统地阐释市场调研对IP产品设计的重要性和必要性。

第九章“泛IP”语境下IP产品的设计与开发。包括IP产品消费人群定位、IP主题内容选定、IP产品类型选择、IP主题内容与产品融合设计、IP产品创意设计构思与表现、IP产品设计审核、IP产品生产制造、IP产品营销等问题，探讨爆款IP产品开发中所需要注意的问题。通过对“泛IP”语境下IP产品设计与开发的介绍，展示IP产品设计从初期的概念到最终上市销售过程中所经历的不同环节，并探讨不同环节中IP产品设计与开发应注意的问题。

第十章“泛IP”语境下新经济模式与IP产品设计。通过对新经济模式的介绍，分析新经济模式与产品设计之间的关系，试图通过研究了解新经济模式下IP产品设计的发展状况。包括“文化消费”与IP产品设计、“泛娱乐”与IP产品设计、“体验经济”与IP产品设计、“话题经济”与IP产品设计、“盲盒经济”与IP产品设计、“数字经济”与IP产品设计、“流量经济”与IP产品设计、“联名跨界”与IP产品设计等内容。

本书是关于“泛IP”语境下IP产品设计理论研究的学术著作，体现了作者对“泛IP”语境下IP产品设计的理解和思考，也是作者多年来从事“IP产品设计”教学和研究的成果。本书是郑州商学院“产品设计专业”特色品牌专业建设和“产品设计实训”课程河南省“专创融合”示范课程建设项目的成果之一。其中，关于乡村文化IP

及乡村IP产品的研究内容也成为河南省教育厅高等学校重点科研项目“乡村博物馆创建促进河南乡村文化振兴的路径及策略研究”（项目编号：23A870002）的阶段性成果之一。

2024年3月15日

目 录

第一章
“泛IP”语境下IP产品设计概述

本章主要介绍文化产业、IP概念及IP的发展历史，论述“泛娱乐”与“泛文化”、“泛IP”与“泛IP化”的时代背景，分析IP的价值和意义，从产品设计与IP的关系来阐述IP产品设计，并从设计学的角度来分析IP产品与设计之间的关系、IP营销及IP与品牌的关系。探讨在“泛IP”语境下IP的共同认知、IP的流量属性、IP的话题性、IP的情感认同、IP赋能作用、IP授权与IP文创产品的区别与联系，分析IP产品的消费对象与产业链相关人群。

文化产业

目前，国内外一般认为，从学术层面分析“文化产业”一词最早的出处，是德国法兰克福学派马克斯·霍克海默（Max Horkheimer，1895—1973）和西奥多·阿多诺（Theodor Wiesengrund Adorno，1903—1969）的合著《文化工业：作为大众欺骗的启蒙》。由于在这里作者使用的是工业（industry）的单数形式，所以在中文译本中大多被翻译为“文化工业”，以与后来作为复数形式的文化产业（culture industries）相区别。当时，学者马克斯·霍克海默和西奥多·阿多诺运用“文化工业”一词，主要指的是一种生产方式，一种为钢铁机器生产的产品贴上文化标签的方式，并把所有人类的文化当成“廉价的原材料”。以埃德加·莫林（Edgar Morin）和伯纳德·米亚基（Bernard Miege）为代表的法国社会学家首先用复数的“cultural industries”文化产业取代了单数的文化工业。与此同时，新时代的学者也对马克斯·霍克海默和西奥多·阿多诺的“文化悲观主义”进行了修正，认为工业化和新技术进入文化领域确实导致了商品化的趋势，但同时也带来了许多新的趋势和创新，从而使文化商品化演变为更加复杂的问题。

文化产业由于在现实经济社会中具有相当的广泛性和渗透性，至今学术界仍在不断探讨。受20世纪最汹涌的全球化浪潮的影响，人们对文化产业的认知也获得了飞速发展。对文化产业的理论研究开始进入了全球化、专业化、系统化的阶段。

总的来讲，文化产业有以下几个要点被广泛认可：一是文化产业是由众多创作者和群体、众多企业共同形成的产业链和产业群；

二是精神性、创新式、审美化与娱乐化的文化资源和内容，既是文化产业的根本内核，也是其市场需求；三是文化产业的规律受到经济规律和文化规律的双重支配；四是随着技术和社会的发展，不断有新的门类或领域被纳入文化产业范围，应该用发展的眼光去看待文化产业。

IP阐释

IP是英文intellectual property的缩写，意思是知识产权（全称intellectual property right）。该词在互联网界已经有所引申，并逐渐成为一个网络流行语。

随着文化产业的不断发展，IP被赋予各种丰富的内涵，不再是知识产权的单纯简写，而是能够进行各种媒介形态的转化和移植，也更多地成为用于二次或多次创作改编的文化素材。

当下仅用“知识产权”来说明IP，似乎不够直观，甚至让人摸不着头脑。事实也证明，很多谈论IP的人根本不知道，IP实际所指的不只是“知识产权”的字面意思，IP更像是一种“心智创造”的法律术语。

作者看来，IP至少具备两个方面的特质。第一个方面，是英文“intellectual property”中的“intellectual”，是一切人为智力创作的信息内容。第二个方面，是英文“intellectual property”中的“property”，即有版权归属、能带来变现经济、具有法律层面的保护内容。但是从法律的角度来看版权的所有存在有效期，而在版权有效期以外的内容，是否能够被认定为IP的范畴，也是一个值得商榷的问题。

当IP被泛化后，其内涵也发生了变化，使IP成为一种被引申了的词语。被泛化后的IP引申为只要是拥有一定的追随者群体的内容，无论是否在当下拥有版权或当下版权是否受到法律保护的状态，其内容都可以定义为IP的范畴。如四大名著、古代历史文化等。而针对一些人物IP、自然景观和自然资源，如名山大川、博物馆文物等内容，并非是人为智力创作，而是自然的客观存在。但是在作者看来，它们能够被大众所认知、接受并喜爱，也成为IP的表现形式。

有人认为，“判断一个内容是不是IP，只看一个标准：它能否凭自身的吸引力，挣脱单一平台的束缚，在多个平台上获得流量，进行分发。”在互联网界的“IP”能理解为所有成名文化内容。但随着内容社交电商和内容新零售的兴起，IP不再只是“泛娱乐”的专有词汇，也成为新商业中经常提及的概念。

泛化后的IP被作者定义为“拥有一定的认知和被接受的追随者人群的文化内容”。因此，拥有追随者基础的文化内容都是属于“泛IP”语境下IP的范畴。追随者对内容的情感成就了IP，也就是能够被人们所认知、接受并喜爱的内容成就了引申后IP的定义，哪怕这个人群的数量极其稀少。因此，IP也成为一种用来表达多种丰富文化内容的简称。

在“泛IP”时代，如何打造品牌IP似乎成了必修课。数字媒体时代，传统标志已经显得不够生动个性，不符合时下消费趋势。企业需要稳定有温度的品牌 IP形象来树立自己的文化符号。对于品牌和产品而言，IP形象的功能和情感价值均无可否认。在功能上，IP形象具备典型的符号性，对于品牌的识别、记忆、唤醒、推广都十分有利；在情感上，IP形象可以通过丰富的形式快速拉近品牌与受众的距离，促成心理认同与积极情绪。

IP概念的发展演进历程

IP的概念最早见于1967年世界知识产权组织（WIPO）签订的《世界知识产权组织公约》，其中对IP作出了定义："一切其他来自工业、科学及文学艺术领域的智力创作活动所产生的权利"。

随后在学术研究中，IP被细分为硬IP和软IP。其中软IP就是intellectual property的前身。软IP的概念最初起源于欧洲，并于2007年在德国慕尼黑举行的欧洲专利论坛上首次被提出。国际上普遍认为，软IP主要涉及知识产权领域的著作权、商标权以及与艺术作品相关的其他权利。换言之，软IP侧重于文化和艺术领域，涵盖了影视、文学、艺术及形象、符号等内容。随着海量的内容在互联网上不断扩展，人们对软IP的认知也在不断地发生着变化。而在中国，人们对软IP的理解更为生动且商业化。在中国，软IP被视为拥有忠实追随者群体的内容，并能够通过跨界融合与传播产生多元化的市场价值。软IP被定义为一种具有广泛吸引力并能在不同行业中创造经济价值的知识财产。因此，软IP的定义也被认为是当下IP概念的滥觞。

中国最早在公众场合提出IP概念并被广泛认知是在2011年，时任腾讯集团的副总裁程武提出"以构建IP为核心打造多领域共生的商业模式"的泛娱乐战略，并开创性地将IP作为文化生活的基本内涵而进行介绍。随着互联网和文化产业的发展，特别是移动网络终端的高速发展，使得数字娱乐在日常生活中的渗透率急速提高，由此IP的概念也开始被国人所认知。

2012年，最先在互联网行业开始逐渐形成并兴起了"泛娱乐"

产业的概念。“泛娱乐”包括文学、动漫、影视、音乐、游戏、演出、衍生产品等多元文化娱乐形态，随着互联网行业的发展和应用，以IP为核心打通不同细分领域之间的界限，将多元文化娱乐形态由最初的独立发展，逐步转变为产品联动、互融合作开发、共享产业经济的阶段。

IP是有文化沉淀价值的、有商业持续开发能力的无形资产。在“中国文化+商业生态”的基础上，出现了这样的整合趋势：用一个IP概念将文创、影视、动漫、游戏与品牌营销充分串联在一起，成为“泛娱乐”在当下的表现形式，甚至还涉及文旅、商业、设计、个人、潮流时尚等方面。

在互联网行业的带动下，网络文学成为IP内容的“孵化器”，2014年各互联网头部公司开始大量购买网络文学的版权，这一行为也引发互联网民们对IP这一词语的关注，并使得“IP” 这个词成为了2015年的网络流行词语。

2015年，IP的概念在我国大势流行，并在全国获得广泛认知。由于多数头部互联网企业的介入，甚至有人提出“得IP者得天下”的论点，预测未来的IP市场是一个近万亿元的新市场。在IP热浪潮的推动下，各路资本和各类内容企业蜂拥而上，不惜花费天价竞相抢占IP资源，使得当时的IP版权费也“水涨船高”。

“泛娱乐”与“泛文化”

“泛娱乐”是一种文化与经济深度融合的现代产业发展理念，是随着互联网技术的飞速发展和社交媒体的普及而兴起的，并在全球范围内产生深远影响。“泛娱乐”在中国于2011年被腾讯公司明确提出并积极实践，其内涵和外延随着时间推移和社会环境变化而不断丰富和完善。“泛娱乐”理论也成为一种文化产业和市场战略，体现了互联网时代下娱乐产业的跨界融合与创新发展趋势。“泛娱乐”的核心在于整合多种媒介形式和文化内容，围绕IP进行多元开发和推广，通过打造超级IP来吸引和集聚追随者群体，形成强大的“追随者经济”效应。

“泛娱乐”的核心在于IP的开发与联动运营。通过整合多种媒介形式，实现同一IP在不同娱乐领域的跨界衍生与增值。一部网络小说能被改编成动画、电影、电视剧、舞台剧及手游等多种形态，形成完整的内容产业链，最大化地挖掘和利用IP价值。

“泛娱乐”产业模式强调的是多领域共生与融合创新。在这种模式下，内容创作者、制作方、平台运营商、消费者之间的关系更加紧密且互动频繁，共同构建起一个以用户需求为导向、追求多元化体验的新型娱乐生态系统。此外，借助大数据、人工智能等技术手段，“泛娱乐”产业能够更精准地定位目标受众群体，提供个性化服务。

“泛娱乐”现象不仅深刻改变了文化产业格局，也在一定程度上塑造了新的社会文化消费习惯。同时，它满足了人们日益增长的精神文化需求及生活需求，为大众提供了丰富的休闲娱乐选择。

随着5G、VR/AR、云计算等新技术的应用，“泛娱乐”产业正式步入数字化、智能化的新阶段，呈现出线上线下结合、虚拟现实交织的特点。随着版权保护意识的增强及法律制度的完善，对优质IP资源的竞争愈发激烈，促使整个行业向高质量、可持续发展的方向转变。

“泛娱乐”是当今时代背景下，文化产业适应科技变革、市场需求升级和全球化竞争所形成的全新发展模式，它强调的是内容跨界的无限可能性及用户参与共创的重要性，旨在构建一个开放、共享、共赢的全球娱乐新生态。

当下，“泛娱乐”被上升到国家战略层面，作为推动文化创意产业发展、提升全球竞争力的重要策略，鼓励企业和政府合作创新，探索新的文创发展模式。“泛娱乐”不仅涵盖了商业运作模式的创新，也反映了当下“文化消费”的特点和社会文化的演变趋势，甚至涉及政策引导与社会治理的多个维度。

“文化”的广义概念是指人类社会历史实践过程中所创造的物质财富和精神财富的总和。“文化”的狭义概念是指社会意识形态及与之相适应的制度和组织结构。“泛文化”是“泛IP”的基础，从IP的特质里可以看到，IP是一种文化内容的表现。“泛文化”是一种广义的文化研究视角和理念，它突破了传统意义上对文化的狭隘认知，将文化视作无所不在、无所不包的普遍现象。强调文化渗透在人类社会生活的各个领域，包括日常生活、经济活动、政治制度、科学技术、艺术创作等，并且认为所有这些领域都是相互交织、相互影响的。

“泛文化”概念最早源于20世纪中后期，随着全球化进程的加速和社会科学研究的深入发展，学者们开始反思并重新定义“文化”的边界与内涵。其中，美国文化研究学者约翰·费斯克（John Fiske）等的理论贡献尤为突出，他们倡导文化不应仅限于高雅艺术或精英文化，而应关注大众文化、消费文化、媒介文化等多元形态，因为这些都是塑造和反映社会现实的重要维度。

“泛文化”主张，每个个体、群体乃至整个社会都在不断生产和再生产文化。文化不再是静止不变的遗产，而是动态的、流变的过程，它既包含了历史积淀的传统元素，也涵盖了现代生活中的创新与变迁。“泛文化”还强调跨文化交流和全球化的影响力，不同文化间的碰撞、交融与互动，共同构建了丰富多样的世界文化景观。

“泛文化”提供了一种全面、立体地理解和分析文化现象的方法论框架，为审视现代社会的各种问题提供了广阔而深刻的视角，对于推动文化研究的深化，以及促进文化交流互鉴、增强文化自信具有积极的意义。

在文化产业界，“泛文化”体现为泛娱乐化、泛生活化、泛艺术化、跨界融合与社群文化五种现象。其中，“泛娱乐化”是指文化产品和服务越来越倾向于娱乐性，各种严肃的文化内容被包装成易于大众接受和消费的娱乐形式。“泛生活化”是文化不再局限于精神层面或专业领域，而是广泛渗透到日常生活的方方面面，包括衣、食、住、行、休闲、娱乐、教育、学习等。“泛艺术化”是将艺术元素融入非艺术领域，使设计、建筑、广告等行业具有更强的艺术性和审美价值。“跨界融合”强调不同文化领域之间的交叉与合作增多，如动漫、影视、游戏、网络文学等多媒介融合，形成了跨界的新型文化产品。“社群文化”则利用社交媒体和网络平台推动了各类兴趣群体的发展，形成了以共同喜好为基础的“泛文化圈”，圈中成员共享文化符号、创作和传播相关作品。

“泛文化”现象也引发了对文化深度、质量下降、媚俗化等方面的担忧，尤其是在市场导向下过度追求商业效益可能导致文化品位降低、传统价值观流失等问题。因此，在倡导创新和多元化的同时，也需要警惕和抵制文化泛化的负面影响，保持文化发展的健康性和可持续性。

“泛 IP”与“泛 IP 化”

“泛 IP”是一种新兴的、跨越传统 IP 领域界限的理念与实践模式。“泛IP”语境下的IP开发与运用理念，在不同的领域有着不同的表现形式和内涵。以互联网时代为背景，随着信息技术的发展及数字经济的崛起，伴随着“泛文化”的发展，“泛IP”对IP的范围、形态和方式提出了全新的解读和应用。

以“泛文化”为基础的“泛IP”语境中，“泛IP”成为一个更为丰富和多层次的概念，它标志着IP不再局限于传统的版权作品。“泛IP”语境下的IP不仅包括传统文化、地域文化、民族文化，还包括文化故事、文化历史、文化人物等内容。“泛IP”语境下的IP产品则是通过创新的智慧、技能和天赋，结合现代科技手段对文化资源进行创造与提升。在数字化时代，一个成功的虚拟角色、一段独特的游戏玩法、一款App的设计理念，甚至一个网站的用户交互体验，都可以被视为“泛IP”的组成部分。“泛IP”强调所有形式的创新性智力成果及其商业利用，无论其表现形式如何，只要拥有受众的群体，都应纳入IP的范畴。“泛IP”语境下的IP是被赋予独特价值，并能够进行商业化开发的所有内容的统称。在文化产业的视角下，“泛IP”强调的是对无形资产的深度挖掘和多元开发。通过跨媒介、跨行业的整合创新，形成一个以原创IP为核心，辐射多个相关产业的生态系统。

随着中国文化产业的发展，“泛娱乐IP跨界共生”逐渐成为一种主流商业模式。这种模式主张充分发掘和利用IP的核心价值，通过游戏、动漫、影视、文学、衍生产品等多维度的形态，实现IP内容的联动开发和相互赋能，进而创造更大的商业价值和社会影响力。腾讯互娱等公司在推动“IP 3.0时代”的过程中，积极实践“泛IP”战略，尝试通过不同娱乐产品的交叉推广和故事情境的构建，让原本独立的IP之间产生关联和互动，从而吸引更广泛的用户群体，打造具有持久生命力的超级IP。

“泛IP”的核心观点在于强调全面性和包容性，即不再局限于传统的IP形态，而是将更多类型的创新性智力成果视为潜在的IP资源；重视IP的多元价值开发和全产业链运作，通过整合各种IP资源，实现跨媒体、跨行业、跨国界的深度融合与联动发展，形成强大的IP产业链条和生态系统。倡导开放共享与合作创新，鼓励各类主体积极参与IP的共创共治共享，推动知识产权从封闭式保护走向开放式运营，以促进文化和科技的繁荣进步及社会经济的可持续发展。

“泛IP”倡导的是一种全面、立体、开放式的IP运营思维，旨在打破产业边界，促进资源优化配置，并通过对IP的持续创新和跨界应用，激发各个产业领域的活力，创造出更多元、更具竞争力的市场格局和消费体验。“泛IP”是对传统IP的发展，它适应了信息社会发展的新需求，有力地推动了IP在全球化、网络化背景下的深化和完善，对于激发创新活力、优化资源配置、促进经济社会文化繁荣等方面具有深远的意义和影响。

“泛IP化”是“泛IP”被大众理解后所产生的一种文化现象，是指在文化产业、娱乐产业及商业领域中，以IP为核心，进行多元内容创作、多维度开发和多形态运营的商业模式。这种模式不仅局限于对某一特定作品或创意的单一利用，而是将其视为一个具有生命力和延展性的文化符号，通过多元化形式，全方位、立体式地进行开发与推广，实现IP价值的最大化。

“泛IP化”的基础是高质量的原创内容。无论是小说、电影、动漫还是游戏角色，其独特的世界观、鲜明的角色形象以及引人入胜的故事情节构成了IP的核心价值。这些内容经过市场的验证和用户的认可，具备了转化为多种文化产品的潜力。

“泛IP化”强调的是跨媒体、跨领域的联动开发。在实际操作中，一个成功的IP往往会在不同媒介平台上进行改编与再创作。如热门网络小说被改编成电视剧或电影，动漫角色被授权制作成各类周边商品，甚至将游戏场景落地为实体主题公园等，形成“一源多用”的局面，不断拓宽IP的影响力边界。

“泛IP化”对于推动文化产业创新发展、促进产业融合、优化产业结构具有重要意义。它打破了传统业态的界限，促使文化、科技、旅游、电商等多个行业深度融合发展，有力地推动了我国文化产业转型升级的步伐。

“泛IP化”是当前文化产业发展的重要趋势，它借助IP的力量，实现了内容创新与商业模式创新的深度融合，为我国文化产业的繁荣发展注入了新的活力和动力。

IP的价值和意义

IP的价值是不固定的。充分利用好IP，价值自然就会持续攀升，同时还能出现反哺现象。优质的IP具有极高的商业价值，能衍生出电影、电视剧、游戏、音乐、动漫、文学等多种娱乐产品。然而，并非所有被称为IP的内容都真正符合这一定义。优秀的IP是经过长时间文化积累的精华，拥有完整的世界观和价值观，并且具备独立的生命力。

在全球不同文化圈层中，对于IP价值的认知形态也不尽相同。IP的强大之处在于，当它与世界观、价值观相近的受众群体接触时，会迅速凝聚并发展成一种文化。这种文化可以伴随着IP不断进步、发展和传承。

从当下最具商业价值的IP排行榜可以发现，在ACG［Animation

（动画）、Comics（漫画）与Games（游戏）］领域的IP排名最为靠前。在日本成熟的ACG产业链下，当一部漫画积累了足够的人气后，往往会进一步改编为动画、游戏、电影或电视剧。IP不仅催生了大量的电影、游戏及下游衍生产品，而且形成了强大的品牌效应。

IP变现就是构建一套上下游产业链，最大限度地挖掘IP的商业价值。通过将一个领域的成功的IP衍生到其他领域，从单一的IP发展成为完整的IP体系，从而最大化地实现品牌效应。无论IP以什么样的形式出现，本质都是连接，核心都是消费者。唯有引人关注、与人共情，让消费者产生亲切感、亲密感和认同感，才能形成互动、交流，并建立消费者的忠诚度，达成IP的商业价值。

产品设计的阐释

“产品”概念较为广泛，从有形产品到无形产品，从具体产品到抽象产品，从现实产品到虚拟产品，从事物性产品到服务性产品，都属于产品的范畴。从设计学对“产品设计”的定义来看，更容易厘清“产品”的外延与内涵。在设计学中，“产品设计”被认为是一种对“产品”的创新开发行为。而“产品”则是指被人们使用和消费，并能满足人们某种需求的任何物品。产品不仅有“物品、用品”的含义，还有“生产制造、量化生产”的含义。

“产品设计”是研究“人”与“物”之间关系的学科。而“物”即是“产品”。从人类演进的历史进程来看，“产品”具有两个层面的意思，是“产”和“品”的组合。

“品”即“物品或用品”，而“产”则有着更深层次的理解，包含两个层面的含义。第一个层面是“生产、制造”的意思，即在

“人”与“物”的关系中的“物”，是需要通过人类的劳动而创造产生的“物”，而非自然直接形成的“物”。这就好比是原始人类在自然界中随意捡取的石块，如果将其直接应用于生活，成为工具，那么这块石块就是自然的“物品”而非“产品”。但是，如果这块石块融入了人类的劳动，进行了加工，如打磨、切割等处理，使其成为生活工具，那么它便完成了“生产、制造”的过程，成了“产品”。

“产品”是工业时代的名词，随机械化的大批量生产而诞生。因此，“产”的第二个层面意思即“量产”或“产量”。也就是需要具有一定数量级基础，批量化生产制造。“量产”的内涵来源于“工业革命”，“工业革命”使得生产力大幅提高，对“产品”的生产效率也呈指数级提升。摆脱了传统手工艺匠人对“产品”生产的独立制作，出现了专门从事“产品设计”的职业，这时的“产品设计师”需要通过设计图纸来告诉生产线上的工人产品的制作标准。这样的过程能使工人按照统一的标准进行批量化的生产制造，完成产品交付的工作，起到生产制造规范化的作用。与此同时，产品的生产制造改变传统手工业时代供不应求的状况，转变为供大于求，也使得同类产品之间产生了商业竞争。设计师不得不想方设法地进行新型产品的设计优化与改良，目的是让新产品能够满足消费者的不同需求，从而赢得市场的青睐。此时的设计师开始意识到设计创新的重要性。这不仅是产品的一次设计理念的转变，也成为后来产品设计不断创新发展的驱动力。

对“设计”一词的理解不能使用拆词法，因为“设计”是一个并列词，表示设想和计划的意思。“设计”是通过预先规划和创造性思维来解决“需求”问题或达成“需求”目标。包括对问题的理解、研究、创意构思、原型制作、测试和改进等步骤。“需求”一词成为设计的核心内容，创造满足需求的“产品”也成为“产品设计”的核心目标。

设计不同于艺术，虽然当下我国从事产品设计专业的人员大多数来自于设计艺术学或艺术设计专业，也使产品设计中的艺术性得到了足够的重视，但是“设计”的过程中还是要与“艺术”区别开。艺术是对“美”的发现与表达，而“设计”则是根据需要创造满足于需求的特定事物的过程。因此，“产品设计”被作者认为是通过设计行为来创造满足需求，并能够被人们批量化生产和制造物品的行为过程。

IP产品设计

“IP产品设计”是一个合成词，用拆词法将“IP产品设计”分解为“IP+产品+设计”概念就更加容易被理解。IP产品是“IP+产品”，IP产品是指将IP内容与具体产品相结合的结果，不仅仅是将IP形象或IP内容附加在产品上，而是通过这种结合行为为产品赋予独特的个性和情感价值。“IP+产品”应从创意的结合、情感定位、跨媒介运营和共建共享四个方面来考虑。

IP产品的开发是基于创意的结合，使得产品不仅是物理实体，还承载了特定的文化意义和情感价值。与传统的品牌定位相比，IP定位更多地关注心灵，即通过情感和潜意识的影响来吸引消费者。IP产品通常能够触动消费者的情感，形成更深层次的连接。IP产品的开发需要考虑在不同的媒介和产品中保持一致性与连续性，以维持其长期的生命力和商业价值。IP产品的成功往往需要企业的引导、用户的参与，以及多方的协商和努力。它是一个多方共建的过程，通过不断地互动和共创，推动IP产品的成长和发展。

“IP产品设计”还意味着需要深入挖掘IP的内在价值，通过创意和情感的结合，打造具有独特个性和情感共鸣的产品，实现品牌与消费者之间的深度连接。“IP+产品”是带有鲜明IP特色和文化印记的商品，是IP和实物产品完美结合的产物，旨在创造更高的商业价值和社会影响力。

“IP产品设计”的产生，主要是源于对IP的“文化消费”及“IP营销”的兴起和发展。IP产品的概念赋予“IP产品设计”更多的内涵。“IP产品设计”是指基于IP赋能和IP文化宣传进行的产品设计行为。这是一个涵盖了创新、设计、营销、技术、法律等多个领域的综合性概念。“IP产品设计”是指利用IP内容对产品进行设计和创新，以满足市场需求，进行IP宣传，提升产品竞争力的产品开发过程。这个过程包括了对产品设计开发的各个方面的创新，关注IP赋能和IP文化宣传两方面的能效。“IP产品设计”的表现形式多样，目的是提升IP产品的品质和竞争力，满足消费者的需求和期望。从设计学科所研究的领域来看，“IP产品设计”的形式涵盖了产品设计、包装设计、服装设计、平面设计等领域。

IP营销

在许多的企业家和营销者眼中，IP是一种营销手段。利用IP来进行营销是一种以IP为核心资源的新型营销方式。它将品牌、产品或服务与具有独特文化属性和情感共鸣的IP相结合，通过形象化、故事化、场景化的传播手段，实现IP的深度传播和产品的有效推广。在IP营销中，通过对IP进行深度挖掘和创新应用，将其融入品牌和产品中，从而提升品牌形象，增强消费者对品牌的认知和好感度，进而提高销售转化率。“IP营销”以其独特的魅力和广泛的适用性，正在成为现代营销领域的重要趋势。

“IP营销”的背景是伴随着移动互联网的发展而发展起来的。随着企业“内容”营销形式的变化和渠道工具的传播转变，“IP营销”逐渐成为企业营销盈利的重要方式。有人甚至认为，“IP”就等于给“内容”营销加上了一件洋气的“外衣”，本质还是“内容”。

从2013年开始，移动互联网的发展渠道变得自由化，这给产品营销带来了更多的机遇，并使得营销的重点由原来的广告宣传逐渐转向“内容”运营。2014年，“内容”宣传进一步发展，晋升到“商业定制”阶段，“内容为王”的形势开始形成。进入2015年，营销的“内容化”基本趋向于成熟，面对泛滥的渠道，一个好的“内容”想要获得认可和关注，需要从更多环节来进行方案设计，才能实现“内容”传播的最大化价值。

IP被“泛化”归根结底也是因为大家在IP中看到了优质的“内容”。在“内容为王”的时代，“IP营销”倚重的就是“IP内容”。在文娱产业中，电影、电视剧、综艺、游戏、小说、动漫等，只要“内容”形成品牌效应，IP产品就会得到蔓延。

无论是影视、动漫、文学，还是一个段子、事件、人物，只要有优质的“内容”，受到当前消费者认可，使人们获得情感满足，就能获得人们的喜爱、传播和转发，在多个平台形成传播，那么它就会成为一个“IP营销”，成为能衍生各种IP系列产品的营销线。

IP作为天然的追逐对象，有良好的用户基础，尤其那些热门IP，几乎成为整个“内容”营销的争抢目标。电影IP在获得用户关注的同时，也成为实现“跨界”合作成功的重要因素。用IP的概念来运营“内容”，借助追随者的力量来扩散品牌，实现强大的“泛IP”传播。由于IP具有丰富的角色形象和故事背景等优势，赋予品牌特殊内涵，对企业的互联网营销也具有极大的推动作用。

当一个IP在某个领域崛起时，想要扩大影响力，就不能局限于一点，而要衍生到其他的领域，甚至还需要进行二次、三次或者多次创作，这也是“IP营销”的关键。从一个IP发展成IP体系，让IP产品发展成系列产品，也成为当下“IP营销”的发展战略。

IP与品牌

IP和品牌看起来很像，因此不少人习惯性地把品牌误当成IP，其实品牌与IP是两个不同的概念。虽然概念有明显的区别，但是两者也有密不可分的关系。对于品牌来讲，品牌发展到一定的规模，则需要利用IP的手段，去占有更大的市场，做更大的传播来吸引用户。

IP从本质上说是一种无形财产权，是一种精神财富，是创造性的智力劳动所创造的成果。IP是一种渠道或信息载体，是快速迭代、无方向性、虚拟的、感性的。通过不同形式的载体，表现的文化形态，与消费者情感的连接和认知的互动，是消费者情感的寄托，最终折射出人们在文化与情感上的共鸣。

现代营销学之父菲利普·科特勒（Philip Kotler）这样定义品牌：“品牌是一个名称、名词、符号或设计，或者是它们的组合，其目的是识别某个销售者或某群销售者的产品或劳务，并使之同竞争对手的产品和劳务区别开来。”而我们平时说的品牌，其实更像是人们对一家企业整体上的认知，包括这家公司的产品、业务、服务水平、文化输出等，是一个集大成的总揽，是企业形象无形的载体。说通俗点，就是消费者对产品和企业的认知。

在“泛IP”语境下，IP的内涵则包括情感、价值、个性、消费四个方面。而辨识度、共鸣度和连接力则成为IP的内在三要素。知名度、美誉度、忠诚度、持久度则被认为是IP的外在四要素。虽然这些特质与品牌有着共性，但是IP并不等同于品牌。

品牌代表着特定商品的属性，这是品牌最基本的含义。品牌不仅代表着一系列属性，而且体现着某种特定的利益，生产者的某些价值感，品牌附着特定的文化，也反映一定的个性。品牌还暗示了购买或使用产品的消费者类型，品牌的内涵包括属性、利益、价值、文化、个性、用户六个方面。

不是所有的品牌都是IP，但品牌能做到IP化，利用IP与用户受众产生更深的情感化，让用户能了解IP，实现品牌文化的渗透，让用户喜欢IP的同时，增加品牌的关注度及好感度。在消费者的心理上，品牌“入脑”，IP则是“走心”。

品牌还可以进行IP化的打造，需要将品牌进行人格化、讲故事、娱乐化、造互动等一系列的转变。IP化的打造需要牵扯到企业文化、产品调性还有品牌气质等多个维度，除了需要大量的经费投入，还要投入时间，能成功的并不占多数，所以才有了那些稀少而又高价值的品牌IP。

IP的共同认知

从认知心理学的角度来说，IP也被解读为“在一定群体中形成的共同认知的内容”。所以，IP就是在创造一个可以被群体所接受并且认可的内容。IP会被追随者所接受并且喜爱，也因为IP满足了追随者某种情感需求或者文化需求。

IP本身蕴含的情感属性和文化属性是易于被追随者所广泛接受的。但是情感和文化都是比较抽象的概念，需要通过具象化的方式将IP呈现出来。创作者在进行IP创作时，就应该定义IP满足消费者对其背后的情感需求和文化需求，这也形成一种文化认同和情感连接。IP的抽象概念必须通过具象化表现呈现出来，满足消费者的期待。这就是大部分的IP都是被电影、电视剧、动漫等形式创造出来的原因。

对群体的重新解读分为两方面，一方面是对群体范围的解读。IP本身满足社会价值观及文化观，从而使得追随者对其越发喜爱，这是在创作之初就被赋予的属性。但是随着更多的IP源源不断地被开发出来，被社会广泛接受的文化观和价值观是有限的，这就使得IP在进行创作时让人们感觉到似曾相识。因此，新的IP一直在寻找进行深耕的新领域，希望在新的群体中得到认可，以此来打造自己的特殊性。

另一方面是对群体需求的解读。群体的需求解读为IP满足了群体的情感需求和文化需求，是IP本身的文化属性和情感属性创造的价值。如今人们的情感需求和文化需求已经被满足，任何情感需求或者文化需求都可以找到所谓的“替换装”。因此，很多精明的IP产品运营者开始重新解读追随者对于IP的期待，他们认为只要IP能提供给他们所需要的价值，就会对IP报以持续性的关注行为。

IP对群体范围的解读和对群体需求的解读是建立共同认知的重要因素。

IP的流量属性

在网络环境中IP展现出独特的流量特征。IP由于其独特的内容和广泛的受众基础，通常自带流量，不仅吸引大量用户关注，而且在传播过程中产生深远的社会影响。

IP除了能够吸引稳定的群体关注，还能通过各种形式的推广和改编持续吸引新的流量。通过不同形式的改编，将原本局限于某一领域的IP推向更广阔的市场。如小说被改编为电影或电视剧，动漫被改编为真人剧等。IP的流量并非一次性消耗，而是可以通过多元化的创作方式和营销策略进行再创造和扩散。同人创作、二次元社区讨论、社交媒体上的热点话题等，都能进一步推动IP的流量增长。

追随者不仅会购买IP相关的商品，还会积极参与到IP的宣传和推广中来，形成口碑效应，进一步增加IP的曝光度和流量。IP自然顺势爆发，逐渐成为新的增长引擎。

打造IP也成为"流量时代"不得不追随的趋势，其底层逻辑是构建"私域流量"，从而依赖"私域流量"开展更多的营销活动。IP的流量属性主要体现在自身所携带的流量、吸引新流量的能力以及流量的再创造和扩散等方面。IP的流量属性体现了IP在新经济形态下的强大生命力。

IP的话题性

IP的核心是创新，成功的IP都源于独特的创意、故事或者内容。一部畅销的小说因其新颖的情节和人物塑造，或是一部电影因其所呈现的全新视觉体验和深刻主题引发广泛讨论，这都是IP话题性的体现。IP通过话题的广泛传播，会发展成为一种文化现象，对社会产生深远影响。

强大的IP能够通过话题的带动影响整个产业链的发展，带来巨大的经济效益。从图书出版、影视制作、游戏开发、衍生产品销售及主题公园建设等多个领域，围绕一个热门IP能构建起完整的商业模式，吸引消费者和大量资本投入。

虽然热门IP具有话题性，但并不是所有的IP都具有这个特征。IP同样需要进行打造与宣传。好的IP能够充分利用内容来引发话题，包括故事内容冲突、悬念、奇葩、争议、角色或者特殊的情节；角色形象的Q萌化、人格化、仿真化等方面，引起公众的关注和讨论。这些话题在社交媒体上迅速发酵，成为热门话题，从而提升IP的知名度。通过运营手段来打造IP话题，从而保持受众长久的注意力。IP通常会积极利用社交媒体平台，通过发布内容的推送，引导追随者参与讨论，从而制造话题并保持热度。一些IP也会通过举办线上活动，如直播、问答、投票等，激发追随者的参与热情，增强话题性，或通过引入争议性的内容或者观点来制造话题。虽然这种方式可能会带来负面评价，但如果处理得当，也能够吸引更多的关注，扩大IP的影响。与其他行业进行“跨界合作”也是IP话题打造的一种手段，能够产生双赢的效果。时尚品牌与动漫IP的合作，或者是电影与游戏的联动等，都能通过新鲜感和创新性吸引用户的注意，制造出新的热点话题。

IP的情感认同

如果说品牌是脑智定位，以理性为主，那么IP则是心灵定位，以情感为主。IP作为具有影响力的文化内容，不仅吸引了大量的用户关注，还在传播过程中产生深远的社会影响。其中一个重要的方面就是情感认同。

IP通常以独特的故事情节、鲜明的人物设定以及深刻的主题内涵吸引公众的注意。这些内容不仅满足人们的娱乐需求，还能引发人们对某些社会现象、价值观念或者人生哲理的思考。

而在IP中的各种角色往往都拥有各自的性格特点和生活经历，这些元素使得观众能够在一定程度上理解并感受到角色的情绪状态和内心世界。当观众能够理解和接受角色的感受时，就会产生共情。《红楼梦》中林黛玉的形象深入人心，许多读者都能在她的身上找到自己的影子，从而对她产生深深的同情和理解。这种共情过程有助于加强观众与文化IP之间的情感联系，提高他们的情感认同。

IP中的故事背景和主题常常与现实生活密切相关，这使得观众能够在观看过程中产生强烈的现实感知。《白鹿原》讲述了中国农村家族在历史变迁中的兴衰历程，许多观众都能从中看到自己家乡的变化，从而产生强烈的共鸣。这种共鸣过程有助于激发观众的集体记忆和民族情感，强化他们的情感认同。IP通过各种手段唤起观众的情感反应，如喜悦、悲伤、愤怒等，并促使他们在情感上与IP内容形成共鸣。

这种情感共鸣既可以是个体层面，也可以是群体层面。这种情感共鸣过程有助于构建公共话语空间，推动社会问题的关注和解决，增强人们的社会责任感和归属感。

IP赋能

IP具有持续情感价值的输出和互动，IP识别的独特性和差异化，强连接的规模化，大量的追随者基础，使其具备能多元化衍生不同产品类型的特质。IP产品关注与IP的融合，使IP成为产品文化创新的驱动力。

IP赋能产品是指通过运用具有知名度和影响力的IP来提升产品的市场竞争力和品牌价值。将特定的IP与产品结合，通过IP的认知度来提升产品的附加价值、吸引力和竞争力。

企业通过利用与产品相关的IP故事、角色等，增加产品的文化内涵，使其更具吸引力和传播力。企业利用IP的影响力进行营销推广，通过各种渠道来提高产品的曝光率和消费者的购买意愿。结合IP特点，开发新的产品线，创造出独特的消费体验，为消费者提供更多的选择，同时也能够增强品牌的创新能力。IP往往承载着特定的情感价值和记忆点，通过IP赋能，产品可以与消费者建立更深层次的情感连接，从而提高品牌忠诚度。

IP赋能产品主要是通过挖掘IP的内在价值，并巧妙地将其与产品功能、设计、营销策略等方面融合，从而达到提升产品市场表现力的目的。IP赋能产品是一种有效的市场营销策略，帮助产品在竞争激烈的市场中脱颖而出，通过与消费者的情感共鸣来实现品牌价值的提升。然而，IP赋能并非一蹴而就，需要企业根据自身的产品特性和市场定位，精心选择合适的IP并进行深入的合作与开发。

IP成为IP产品开发的首要阶段，选择具有应用价值的IP，并将其与产品开发相融合是IP产品开发的关键因素。从IP的文化驱动力来说，具有广泛知名度，又能被公众所接受的热门IP是最具开发价值的。

IP更具有受众的认同感，更容易被民众所接受。越是具备深厚的文化底蕴和内涵，就越能够引起消费者的共鸣。从古代到现代，人们对产品所赋予的文化内容层面的追求一直没有停止过。将IP与产品进行有机地结合，能够创造出带有文化基因的商品。IP产品也能够借助IP内容及其文化影响力的作用，创造消费市场的竞争优势。

IP与产品的融合不仅能够提升产品消费的数量，也能为产品带来更多的文化附加价值。虽然每个IP都具有独特的价值与意义，也凝聚了IP创作者的辛勤劳动，但是从设计目的性和市场需求上看，更愿意看到能够引发消费者共鸣的IP和具有宣传意义的IP与产品相结合。从企业利益的角度来看，更希望IP能够赋能产品，带来产品的市场竞争力，带给产品更多附加价值。

IP是极具文化价值的集合体。IP拥有浓厚的文化沉淀和丰富的文化资源，通过IP产品向世人介绍文化，IP产品也就如IP一样具有极高的文化价值。通过IP产品来弘扬和宣传文化，使消费者接受到具有IP文化特色的产品。通过设计让产品具有了文化的内涵，IP产品成为文化宣传的载体。

IP授权产品与IP文创产品

“泛IP”语境下IP授权产品和IP文创产品都是IP产品。

IP授权英文全称为intellectual property licensing，是一种独特的商业模式。IP授权让IP的所有者授权其他实体，在特定条件下使用该IP来生产、销售或推广商品和服务。这种授权并不转移IP的所有权，而是让被许可人有权在特定范围内使用这些IP。

IP授权的产品种类繁多，覆盖了各种商品。这些产品通常会以各种各样的形式呈现。这些产品通常会利用授权IP的品牌、角色、故事等IP元素来吸引消费者。

以电影IP授权为例，电影公司会授权第三方制造商来生产电影周边商品，最为常见的有T恤、杯子、钥匙扣等商品。这些商品上会印有电影中的角色、场景、标语、图案等。被授权的制造商需要按照合同规定的设计和品质要求进行生产和销售，同时需要支付一定的授权费用。动漫卡通角色的版权持有者可以授权玩具制造商生产基于IP角色形象的玩具，授权食品制造商利用该角色形象来设计食品造型或食品包装用以推广食品。在这种情况下，被授权的制造商在商品包装上使用卡通角色形象和名称，但所有的设计和生产工作都需要按照版权持有者的要求进行。

IP授权的优势在于，它能让版权所有者无须直接生产和分销产品，就能将品牌、角色、故事等IP元素扩展到不同的产品类别中。被授权的制造商也能利用这些知名的IP品牌和角色来吸引消费者，提高产品的销售和市场影响力。因此，IP授权是一种双赢的商业模式。

IP产品体现了文化的传承和创新，是文化、艺术、设计和技术的有机结合。IP文创产品通常将IP内容、产品载体和结合方式融为一体，形成一个完整的创意产品。这种一体型设计理念旨在将文化IP内容与实际产品相结合，既保留了文化IP的精髓，又赋予了产品独特的文化魅力。IP文创产品在保持原有文化的基础上，融入了独特的设计理念和表现形式，使得产品具有创新性和独特性。这种创新性不仅体现在产品的外观设计上，还体现在产品的功能和使用体验上。

IP文创产品不仅应具有观赏价值，还应具有实际的功能用途。这种实用性使得消费者能够在日常生活中使用这些产品，从而更好地体验和感受文化的魅力。随着消费者需求的不断变化，IP文创产品的设计也在不断创新和发展。当下越来越多的IP文创产品开始注重个性化和定制化，以满足不同消费者的需求和喜好。

IP产品的消费对象

IP产品的消费对象和潜在消费人群相当广泛。IP产品的消费对象和潜在消费人群覆盖了不同年龄段、不同性别的消费群体。只要IP本身具备吸引力，能够触动消费者的情感共鸣和价值认同，都有可能挖掘出广泛的消费市场。

最新研究表明，年轻群体是IP产品消费的主力。2021年，35岁及以下年轻群体购买了近70%的IP产品，其中26～35岁的消费者消费占比超过50%。35岁及以下消费群体的成长潜力同样强劲，近年来IP产品消费增速达到其他产品的1～2倍。

京东消费情况显示，IP产品消费存在较为明显的性别差异，IP产品吸引了更多的女性消费者购买。近年来，女性消费者在IP产品总销售额中的占比持续增加。2020年，女性消费者购买IP产品销售额占比首次超过男性，达到56.7%，截至2021年，这一比例进一步上升到62.6%。从IP的具体分类上看，女性更喜欢购买卡通形象类的IP产品，男性则更喜欢体育、游戏类的IP产品，二者在动漫类方面则表现得“势均力敌”，销售额占比较为接近。

按照对IP产品消费者不同年龄阶段的划分，核心消费对象主要是年轻人，特别是Z世代（X世代，通常指的是1965—1980年出生的人群；Y世代：又被称为80后或千禧一代，指的是1980—1994年出生的人群；Z世代，指的是1995—2009年出生的人群）。这部分人群成长于互联网时代，对新鲜事物接受度高，追求个性化和独特性，他们热衷于通过IP产品表达自我，满足精神层面的需求。他们可能是热门动漫的忠实追随者，会购买相关衍生品，如手办、服装等；也可能是某部畅销小说或热门影视剧的拥趸，愿意为其电影票、周边商品或者网络付费阅读买单。

儿童也是重要的IP产品消费群体。以动画片及其衍生产品为例，诸如《小猪佩奇》《熊出没》等IP形象深受孩子们喜爱，相关的玩具、文具、服饰等产品销量可观。此外，家长为了孩子的教育与娱乐，也会购买各种儿童IP相关的图书、音像制品及亲子活动门票等。

中青年群体同样具有巨大的消费潜力。他们可能因为怀旧情怀，对于经典IP如《西游记》《哪吒》等有深厚感情，乐于购买相关产品以纪念青春岁月。同时，他们对具有一定艺术性和深度的IP作品也有较高的消费需求。

IP产业链的相关人群

IP及其产业的发展离不开一个完整的产业链条。在这个链条中，IP生产者、IP享用者和IP拥护者各自发挥着不同的作用。IP生产者负责打造和维护IP，IP享用者通过购买IP使用权获得新流量和商业机会，而IP拥护者则为整个产业链提供了源源不断的市场需求。

其中，IP生产者是指那些通过创作和运营产生大量IP的企业或个人。IP生产者的任务不仅是创造新的IP，还要维护和发展已有的IP，使其具有持久的生命力。以迪士尼为例，作为全球最知名的IP生产者之一，迪士尼通过不断地创新和优秀的运营能力，打造了米老鼠、唐老鸭、白雪公主、狮子王等一系列经典IP。这些IP不仅为迪士尼带来了巨大的经济收益，也成为了全球范围内文化传承的重要组成部分。

IP享用者是指那些购买IP使用权并利用IP来吸引流量、增加销量的企业或个人。对于IP享用者来说，IP的价值在于其能够快速地吸引目标群体的注意力，并转化为实际的商业利益。

IP拥护者则是指对某种特定IP有着深厚感情和高度认同感的追随者群体。他们对自己喜欢的IP商品会表现出极高的购买欲望，甚至愿意忽略商品本身的价值。《西游记》系列IP的追随者就非常热衷于购买任何带有西游记元素的商品。这种强烈的追随者忠诚度使得《西游记》这一IP在全球范围内产生了巨大的商业价值。

在某些情况下，IP生产者能够成为IP享用者。这种情况通常发生在大型企业集团内部，它们拥有丰富的IP资源，并有能力进行多元化的开发和利用。作为迪士尼旗下的主题公园，迪士尼乐园利用了迪士尼自家的众多IP，如米老鼠、唐老鸭、冰雪奇缘等，通过实体体验的方式吸引了大量的游客。这样一来，迪士尼既是IP的生产者，又是IP的享用者，实现了IP资源的高效利用。

第二章
“泛IP”语境下IP分类

“泛IP”语境下IP的分类，主要介绍当下我国主流的IP形式，虽然是以罗列的方式进行呈现，但是力求明确清晰，案例具有说服性。当下市场中更多的IP分类，主要是以IP的内容来源渠道进行的分类。可以分为文学IP、影视IP、动漫IP、游戏IP、人物IP、历史文化IP、节日文化IP、红色文化IP、乡村文化IP、地域文化IP、民族文化IP、企业文化IP、博物馆IP、艺术文化IP、体育运动IP、院校文化IP等。具体的IP形式还应考虑其所处的特定环境而进行综合的判定。明确不同类型的IP能够为后续的IP产品设计提供设计定位的基础，对IP产品设计有着指导性的意义，是打造“现象级”超级IP的关键因素。

IP的不同分类方法

最初谈论IP的时候，只是单纯地以IP的原生含义为中心去讨论其衍生的各类产物。但是从“泛IP”的角度来看，IP具有更为广泛的边界。IP是一种文化内容的具体表现，是一种独特的信息内容。在当下民众的认知和市场的运营中，主流的IP主要还是从以下几个方面来确定的。

“泛IP”语境下IP表现形式的形象化大致可以分为两种：有形IP和无形IP。其中有形IP即具有一定的视觉形象，可以通过具象化的图案、图形、图像、造型、影像等直接表现的IP内容。这类IP易于与产品相结合，通过产品的视觉感官传达IP内容。无形IP即没有固定的视觉形象，而是通过概念、名称、技艺、传说、故事、习俗等无法直接通过视觉形象直接表现的IP内容。这类IP表现多以文字为载体来进行传达，因此与产品相结合的设计过程需要通过设计转译来进行表现，或者对IP进行二次创作，转化为具有具体形象和视觉表现载体的内容。

“泛IP”语境下还可以按照IP的内容表现形式进行分类，包括故事型IP、形象型IP、资源型IP、概念型IP、人物型IP、艺术型IP等。

当下市场中更多的IP分类，主要是以IP的内容来源渠道进行的分类。可以分为文学IP、影视IP、动漫IP、游戏IP、人物IP、历史文化IP、节日文化IP、红色文化IP、乡村文化IP、地域文化IP、民族文化IP、企业文化IP、博物馆IP、艺术文化IP、体育运动IP、院校文化IP等。而超级IP则是具备了最广泛知名度的IP。IP的表现形式和内容来源渠道广泛，因此按照表现形式和内容来源渠道的不同对其进行分类是较为常规的分类方式。

文学IP

文学之所以能够成为IP的一个重要的表现形式，是因为它是一切内容创作中最为广泛、涵盖面最广，也是参与表现最多的一种。文学来源于生活，是一种对人们日常生活的假设、模拟和再创作。文艺创作的原动力也来源于文学，文学IP是通过文字创作活动而产生的，具有文学价值、独创性和可商业化特性的内容成果。虽然文学有它的特殊性，但是文学IP被认为是IP的鼻祖。文学IP主要包括小说、诗歌、剧本、散文等各类文学作品。最容易让人理解的案例是我国的四大名著《红楼梦》《西游记》《三国演义》《水浒传》。虽然四大名著已经历了几百年的历史，但是当下四大名著依然是热门IP，在我国被人们广泛认可。

文学IP的产生源于人类的文艺创作能力和社会需求。从最早的口头文学流传到今天内容丰富的网络文学，文学一直是人类表达情感、记录生活和传递价值观的重要载体。作为一种拥有广泛受众的文艺类型，文学IP通常具备较高的商业价值。在这种背景下，文学IP逐渐成为作家获取经济回报和保护自身权益的有效途径。

在历史上，文学一直被视为社会文化的象征和传承者。从神话传说、史诗传说到诗词歌赋、小说散文等，不同的文学类型反映了各自时代的社会风貌和人性思考。而随着现代社会商业化进程的加快，文学也开始朝着产业化和商品化方向发展。越来越多的文学IP通过改编成电影、电视剧、游戏等形式，实现了跨界增值和利润增长。文学已经发展成为一个高度活跃且多元化的IP形式。

目前，文学IP发展体现出新的趋势。第一，数字化转型。随着信息技术的发展，文学的发行和阅读方式正在发生根本性的变革。越来越多的人选择使用电子设备来阅读，数字阅读逐渐成为了主流。一些在线平台还推出了付费阅读、会员订阅、图书借阅等多种服务模式，使得用户可以根据自己的需求选择合适的服务方式。第二，影视改编热潮。近年来，改编自文学的影视剧在市场上受到了观众的喜爱。无论是热门网络小说、经典名著还是原创剧本，都有大量作品被搬上银幕或荧屏。这些作品的成功也为原著作者带来丰厚的版税收入。第三，跨界融合。在当今多元化市场需求下，文学与其他行业的合作也越来越紧密。游戏公司将小说故事融入游戏剧情，以此增加游戏爱好者的情感依附；旅游景点根据当地历史文化资源打造特色主题公园，吸引游客前来参观游玩。

未来文学IP将继续保持强劲的发展势头。人工智能、虚拟现实等前沿技术会重塑文学创作和阅读体验。文学融入相关产业在国民经济中的地位和作用将不断提高。

影视IP

影视是人们通过技术手段对现实生活的模拟与虚幻化的动态视觉效果展示。影视IP的内容多来源于文学，是文学IP的视觉影像化传播形式。因为影视IP比文学IP更为形象化和具象化，依托于当下移动互联高数据传输基础，影视具有了最广泛的传播优势。影视IP是指通过影视制作而产生的，具有视觉表现力、独特性和可商业化特性的IP形式。主要包括电影、电视剧、纪录片、动画片、短视频及其他形式的视频内容，并能够通过这些内容来开发相关的周边商品。

影视的产生主要源于人类对于影像技术和媒体表达的兴趣与需求。早在19世纪末，电影业作为一项新兴产业开始出现，并很快受到大众欢迎。随着电视、网络媒体等新媒体的普及，影视作品的影响力不断扩大，逐渐成为人们日常生活的一部分。在这个过程中，影视IP作为一种极具商业潜力的内容形态应运而生。

从历史角度看，影视行业一直在不断变革和发展。从最初的黑白无声片到彩色有声片，再到现在的高清数字电影和流媒体点播，每一次技术革新都会给这个行业带来新的机遇和挑战。而在影视的内容创意方面，各种类型的影片和剧集百花齐放，为观众提供了丰富多彩的内容选择，也成就了不少优质的影视IP。如今影视行业的IP应用已经成为一个高度成熟的产业领域，它不仅包括传统的制片、发行和放映环节，还延伸到了其他内容相关领域，如周边商品开发、衍生产品授权、主题公园建设、网络游戏开发、App应用等。这些业务不仅可以带来直接的经济效益，还能提高影视IP的市场影响力。

影视IP相较于文学IP更为形象化，更易于和IP产品设计相结合。影视IP衍生产品产业链也在不断地发展。随着人们对品牌和IP的认知度不断提升，影视IP衍生产品市场正在迅速崛起。从影视角色的玩具产品到服装配饰，从家居用品到主题乐园等，围绕热门影视IP展开的衍生产业链已经成为了一个重要的盈利来源。

动漫IP

动漫IP是传统IP认知中认同度最高的一种形式，承载着大多数人的梦想和记忆。动漫分为漫画和动画两种形式。随着视频技术的不断发展，不少漫画都延展成动画，因此“动漫”成为当下主流的称谓。动漫IP是指通过动漫创作而产生的，具有形象塑造、故事情节和娱乐特性的一种新型文化内容。主要包括动画、漫画、二次元游戏等。通过营销渠道，动漫IP被广泛应用于儿童教育、青少年娱乐、文化宣传等领域，并通过跨行业结合实现多元化发展。

动漫IP产业起源于20世纪初的美国和日本。历经百年的发展，动漫已成为全世界最受欢迎的娱乐方式之一。从《西游记》到《喜羊羊与灰太狼》，从《哪吒》到《黑猫警长》，动漫IP以独特的故事和鲜明的角色形象赢得民众的喜爱。

随着技术的发展，动漫IP的价值链逐渐扩展，由影视和游戏逐渐发展为覆盖玩具、服装、游戏、文具、食品、主题乐园等多个行业的产品体系。以日本为例，动漫IP不仅带动了本国经济的增长，在亚洲甚至全球范围也产生了深远的影响。

随着数字化和网络化的不断发展，动漫IP内容生产变得更加便捷高效。动画制作软件、3D建模、虚拟现实等先进技术让动漫IP焕发出勃勃生机。社交媒体、直播平台的兴起使动漫IP更容易接触到目标用户，提高了市场渗透率。动漫IP创作题材也更多元化发展，不再局限于经典的童话、科幻或者冒险类故事。现实题材、社会问题、人文关怀等内容的加入，让动漫IP更具深度和感染力。

创新的叙事手法和艺术风格让动漫IP充满趣味性。动漫IP的品牌价值逐渐显现出来，成为各大厂商追逐的目标。通过IP授权的商品化方式，动漫IP在各个行业得到广泛应用。动漫IP衍生出的线下产业，如游戏、主题乐园、虚拟偶像等领域也成为发展热点。迪士尼乐园、方特欢乐城等主题乐园让游客亲身体验IP故事中的场景和角色。

未来动漫IP将继续保持高速发展的态势。在内容创新、技术创新、品牌运营、产业合作等方面的深入挖掘将促使动漫IP走向更广阔的市场。

游戏IP

此处所谈论的游戏并非是指儿童娱乐的行为规范，而是一种通过电子手段所实现的模拟娱乐项目。游戏IP是指游戏本身以及相关的内容，包括游戏名称、游戏角色、游戏场景、故事情节、音乐等方面。游戏IP随着游戏行业的发展逐步演变为一个重要产业。

游戏行业的知名IP非常多，它们各自拥有独特的世界观、角色设定和故事线，吸引着全球数以亿计的游戏爱好者。美国暴雪娱乐公司（Blizzard Entertainment）开发的大型多人在线角色扮演游戏（MMORPG），以其宏大的世界观、丰富的职业系统、特色角色造型和深入人心的故事剧情赢得了无数游戏爱好者的喜爱，成为全球知名的游戏IP。由中国米哈游公司制作的开放性世界冒险游戏，该游戏IP结合了东方元素与西方幻想风格，以精美的画面和深入的角色背景吸引了大量追随者，是我国主流的游戏IP。同样由米哈游公司开发的另一款游戏，融合了科幻、动作和养成要素，以独特的战斗系统和丰富的故事内容获得了高人气，成为我国一线的游戏IP。游戏IP的特点在于它们不仅提供了娱乐体验，还构建了丰富且有深度的世界观，让游戏爱好者能够沉浸在其中，形成强烈的归属感。

许多游戏IP通过持续更新和扩展，保持了持久的生命力，并且成功地跨越到其他媒体形式，进一步扩大了影响力。游戏IP的发展代表着游戏行业的辉煌历程和广阔前景。作为企业在市场上的优势，将推动产业发展并引领未来趋势。

人物IP

人物IP在中文语境中常被称为“人格化IP”，是一种以真实或虚构人物为核心打造的人物形象。它是现代文化产业中的重要概念，尤其在网络文化、娱乐产业、社交媒体等领域得到广泛应用。

人物IP的构建通常基于鲜明的人物性格特征、独特的经历故事，以及与受众的情感连接。它可以是一个历史人物，如三国时期的诸葛亮，通过对其智谋、忠诚等品质的艺术加工和传播，形成具有广泛影响力的文化IP；也可以是小说、动漫、电影中的虚构角色，如哪吒、葫芦兄弟等，凭借深入人心的故事和强烈的角色魅力在全球范围内吸引了无数追随者。在商业运营层面，人物IP的价值主要体现在其广泛的影响力和强大的变现能力上。

品牌能够通过与人物IP的联动，提升品牌形象，吸引消费者关注，推动产品销售。人物IP本身也能衍生出包括影视、动漫、游戏、周边商品、主题乐园等多种业态，形成完整的产业链条。

人物IP还具有较强的社交属性，能在社交媒体平台上引发大量用户的讨论和分享，进一步扩大其影响力。

人物IP作为一种具有生命力的文化符号，既承载了丰富的文化内涵，又蕴含着巨大的商业潜力。它既是文化传播的重要载体，也是文化产业创新发展的重要驱动力。

在实际应用中，西游记中的“孙悟空”就被广泛地运用在各种文化产品中，形成了独特的“孙悟空IP”。这个IP的核心元素包括他的性格及故事性的命运。在这个基础上，创作者们可以自由发挥，创作出各种各样的故事，吸引观众的关注。中国历史上著名的女英雄“花木兰”被迪士尼改编成了动画电影《花木兰》，在全球范围内产生了巨大的影响。“花木兰IP”的成功在于它将一个古老的故事与现代的价值观相结合，让全球的观众都能产生共鸣。

人物IP还包括历史上政治、经济、文化、艺术、学术等方面具有突出贡献的人。人物IP是一种非常重要的文化资源，它不仅能够丰富生活，也能够带来巨大的经济收益。

个人IP也是人物IP的一种，个人IP即“个人品牌”，是指个人在特定领域通过长期积累和展现独特价值而形成的具有高度辨识度、影响力和吸引力的个人形象与标签。它是个人在公众视野中的独特存在感，代表着个人的专业能力、价值观、人格魅力及社会影响力等多元化的综合体现。个人IP的构建基于个人的特长与专业技能。无论是科技领域的专家、艺术界的明星、教育行业的名师，他们都在各自的领域内拥有深厚的专业知识和独特的见解，通过持续的内容输出，形成自己的核心竞争力。

个人IP的塑造离不开鲜明的人格特质和价值观传播。人们往往因为欣赏一个人的价值观、生活方式或者人格魅力而对其产生认同感和追随心理。例如，公益人士以积极向上的生活态度和无私奉献的精神形成强大的个人IP。

个人IP的运营需要借助现代媒体工具进行有效传播。在社交媒体、短视频平台、直播等多种新媒体形式下，通过内容创新、话题策划等方式扩大自身影响力，吸引并沉淀追随者群体，从而实现个人价值的最大化。成功的个人IP不仅能提升个人的社会知名度和行业地位，更能在商业转化上发挥巨大作用，如代言、合作、直播、开设课程、出版书籍等，实现从影响力到经济效益的有效转换。

个人IP是一个人个性特征、专业能力、价值观及影响力的集合体，是新时代背景下个人品牌塑造的重要手段，也是衡量个人在社会竞争中软实力的重要标志。在信息爆炸的时代，打造和经营好个人IP对每个人来说都显得愈发重要。

历史文化IP

历史文化IP其实是对历史内容的展现，它不仅带有历史的真实性，还带有政治、经济、文化、科技等发展成果的展现，包含了时代特征、历史事件、传统文化、工艺技术等。是展示人类历史发展及文明成果的一种手段。历史文化IP具有极强的历史真实性，对于增进民众的历史认知和审美价值有很大帮助。

历史文化IP的产生源自人们对历史的好奇心和求知欲。在不同的历史阶段，历史文化IP以多样的形式出现，如古代壁画、碑刻、史书等记载过去的文字材料都是历史文化IP的雏形。随着时间的推移，历史文化IP逐渐发展为各种形式的传统文化故事，以此来吸引众多读者。

历史文化IP的发展可以分为两个阶段：第一阶段是从古代到近代的手工艺时代，历史文化主要体现在能够以固定形式保留下来的建筑、绘画、雕塑、文献资料和民间传说等，让人们能够客观地感知古代人的生活方式和思想观念；第二阶段是现代工业化时期，历史IP借助报纸、影像、录音、互联网等多种媒介进行传播，更加真实、更加形象地展示，也更加贴近普通民众的生活。

历史文化IP采用文字、图片、音频、视频等多种形式来表现，历史文化IP已经成为大众认知历史的一个窗口。历史文化IP注重把历史资料、学者研究成果与创作技巧有机地结合，使人们既能了解历史事实，又能体验到艺术美感。很多历史文化IP深受人们喜爱，拓宽了人们的历史视野。历史文化IP也能作为国家记忆的一部分，在传承历史记忆和凝聚民族认同方面起到举足轻重的作用，是社会发展的重要力量。将历史文化IP与相关产业相结合可以创造大量的经济价值，带动相关行业的繁荣发展。

历史文化IP与现代生活方式相结合，通过多元化的宣传渠道和多样化的传播载体，构建完整的IP产业链，让更多的人了解历史并参与其中。通过推动历史文化IP产品走向世界，可以增进中外文化的沟通和交融，提高我国的文化软实力。

节日文化IP

节日文化IP是一种蕴含深厚历史底蕴与民族情感的文化符号，是集传统节日的习俗、故事、象征元素等于一体的文化内容，涵盖了节日的历史渊源、社会主义核心价值观、艺术表现形式、民俗活动、节庆食品、装饰物及相关的神话传说、诗词歌赋等多个方面。

节日文化IP的产生，深深植根于各个民族的社会生活和历史文化之中。自古以来，世界各地的人们为了庆祝丰收、祭祀祖先、祈福纳祥等，形成了丰富多样的节日习俗。如中国的春节、端午节、中秋节，西方的圣诞节、万圣节、感恩节等。这些节日不仅承载着人们对生活的热爱和对未来的期盼，更积淀了深厚的文化内涵和民族精神。随着社会的发展和全球化的推进，这些传统节日逐渐被提炼、包装、传播，形成了一种独特的、具有市场竞争力的文化IP。

节日文化IP的发展，经历了从传统到现代、从本土到国际的转变过程。现代社会对于传统文化的重视和保护，推动了节日文化的复兴和再创造。当下许多富有创意的设计和产品开始围绕特定节日主题进行开发，如各种节日限定版商品、线上线下的主题活动、影视动漫作品等，使得节日文化IP的价值得到充分发掘和展现。在全球化背景下，各国各地区的节日文化IP通过交流互鉴，跨越地域限制，走向世界，成为增进国际理解和友谊的重要桥梁。如我国的春节在全球范围内影响力日益增强，一系列以春节为主题的海外活动吸引了大量外国友人的参与和喜爱。

节日文化IP是一个国家和地区文化软实力的重要体现，是连接过去与未来、传统与现代、本土与全球的文化纽带。它在传承和发扬优秀传统文化的同时，也在不断创新发展，满足人们日益增长的精神文化需求，推动文化产业的繁荣与发展。

节日文化IP作为现代文化产业的重要组成部分，其认知度、接受度和美誉度的提升在当今社会中表现得尤为显著。随着全球文化交流与传播的加速，以及民众对传统文化价值的重新认识，节日文化IP已经从传统民俗活动的载体转变为具有广泛影响力和市场潜力的文化品牌。

在认知度方面，节日文化IP通过多元化的方式进入公众视野。我国传统节日如春节、中秋节等，不仅在国内深入人心，而且在全球范围内也获得了较高的知名度。这些节日文化IP通过各类媒体平台、创意产品、影视作品、网络游戏等多种形式得到广泛传播，使得世界各地的人们都能了解并接触到其独特的文化内涵和象征意义。如我国与春节相关的生肖形象、灯笼、剪纸等元素，经过设计师的创新包装，成为国际市场上辨识度极高的文化符号。

在接受度上，节日文化IP以其深厚的历史底蕴和丰富的文化内容受到了不同年龄层和社会群体的喜爱。现代社会中，人们不再满足于单纯的节日庆祝活动，而是追求更加丰富多元的节日体验。以端午节为例，除了传统的龙舟赛和包粽子习俗，围绕端午IP开发出的各种文创商品、主题旅游、线上互动游戏等，极大地拓宽了节日文化的接纳面，让更多的年轻一代和国际友人乐于参与其中，感受并接受这一文化IP所传递的价值观念。

美誉度是衡量一个文化IP成功与否的关键指标之一。优秀的节日文化IP往往能够承载积极正面的社会价值观，并在传播过程中获得良好的口碑。它们既能唤起人们对本土文化的认同感和自豪感，又能激发人们的共鸣，形成跨越时空和地域的情感连接。如西方万圣节的南瓜灯、糖果文化和装扮习俗，不仅在美国本土备受喜爱，也在全球范围内积累了极高的美誉度，每年都有众多国家和地区加入万圣节庆祝活动。

节日文化IP的认知度、接受度和美誉度体现在以下几个方面：一是通过多种媒介和渠道实现了广泛而深入的传播；二是借助创意产品的设计和活动策划，增强了各年龄段和不同文化背景人群的接受程度；三是通过传承优秀文化精神和创造共享价值，赢得了广大民众的好评和尊重。这种高度的认知、接受和美誉，有力地推动了传统节日文化的现代化转型和国际化进程，使其成为国家文化软实力的重要标志和文化产业繁荣发展的关键动力。

红色文化IP

红色文化IP是近年来在中国文化产业中兴起的一种新的概念。红色文化IP是以红色文化为基础的IP内容。红色文化源于中国共产党在长期领导革命与建设的伟大实践中所创造的智慧结晶和历史经验，是实现中华民族伟大复兴的精神动力。它是指以中国革命历史、革命事迹和革命精神为主要内容，通过各种形式的艺术创作，形成具有广泛影响力的文化品牌或内容。

红色文化IP的构建，不仅有助于传承和发扬中国的红色基因，推动社会正能量的传播，也有利于提升国家文化软实力，增强国家文化自信。以弘扬红色文化为导向，通过红色文化IP的宣传能使民众树立正确的价值观，有利于构建社会主义文化，是促进社会主义健康发展的文化基础。

营造红色文化宣传氛围，促进社会形成红色文化的浪潮。当下的红色文化热潮既反映了人民群众的热情参与，也体现了人民群众的热切期盼。通过红色文化IP及其相关产品的宣传让红色文化教育与生活相结合，增进受众对红色文化的情感，将红色基因更好地传承下去。

红色文化IP能够带动相关产业的发展，形成一种独特的文化经济模式。《长征》《红岩》《闪闪的红星》等都是我国著名的红色文化IP。这些内容以其深刻的历史内涵和鲜明的时代特征，深受广大观众的喜爱，也在全球范围内产生了广泛的影响。红色文化IP是中国文化的重要组成部分，是弘扬社会主义核心价值观、传递正能量的有效载体。

乡村文化IP

乡村文化IP是指在乡村地区形成的、具有独特性和影响力的本土文化内容。乡村文化IP是融合当地的风俗习惯、民间艺术、历史传说、自然景观等在内的综合性文化内容。

乡村振兴是十九大报告中提出的全面发展我国现代化建设的重要战略。2018年5月31日，中共中央政治局召开会议审议并通过了《乡村振兴战略规划（2018—2022年）》，在规划中将乡村振兴提高到“乡村兴则国家兴，乡村衰则国家衰”的高度。乡村振兴是包括产业振兴、人才振兴、文化振兴、生态振兴和组织振兴的全面振兴。实施乡村振兴战略，必须振兴乡村文化，乡村文化振兴作为乡村振兴的内生动力，对乡村振兴发挥着极其重要的作用。

新时期的乡村文化振兴要意识到乡村文化资源创新转化建设的重要性，以文化为驱动力，带动广大农民自觉树立正确的文化观念，从而更好地开展经济建设，通过乡村文化资源创新转化将乡村特色文化资源整合与再利用，并与乡村产业相结合，能够实现乡村文化和经济的双振兴。

乡村文化IP创新转化是一种以乡村为基础，以传统文化和地方特色为内涵，集文化、休闲、娱乐、社交等功能于一体的文化转化。是一种逐渐兴起和发展的文化形式，也是保护和传承乡村文化的重要途径。打造乡村文化IP不仅可以提升乡村的文化魅力，吸引更多的游客，带动乡村旅游经济的发展，同时也可以保护和传承乡村传统文化，增强乡村社区的凝聚力和认同感。在挖掘乡村文化IP的过程中，必须尊重和保护好乡村的生态环境和文化遗产，避免过度商业化导致文化内涵的流失。也要注重社区参与，让村民能够从乡村文化IP的开发中获益，实现文化的可持续发展。

乡村文化IP是基于乡村自身的生态资源、特色产业、独特的历史文化、村落风貌等各类资源要素提炼出来，具有本村特色的IP形象。乡村文化IP能够融入乡村基础设施、活动、产品、生活、环境当中，并在持续运营变现当中发挥传承和创新乡村的文化血脉，优化和重塑乡村的产业体系，推动乡村品牌价值提升，吸引消费者再次和多次消费等众多作用。只有活化的、动态的、能持续变现的乡村文化IP才是真正有价值的乡村文化IP。

乡村文化IP开发适用于有一定的产业基础，主导产业特色明显的乡村。能基于产业文化内涵、制作技艺、产品外形等挖掘和提炼主题IP形象符号。通过产业联动发展，开发主题游览产品、体验产品、农文科创产品等。如新会陈皮村，以新会陈皮为主导产业，素有“陈皮之乡”的美誉，是中国国家地理标志产品，远销海内外。如今的新会陈皮，不仅是地方的金字招牌，还是实实在在的“一村一品、一镇一业”。2018年，“新会陈皮”品牌价值约为89.10亿元；2020年，新会陈皮以96.34的影响力指数位居“中国区域农业品牌影响力指数排行榜”榜首。

乡村文化IP不仅有原生的，还能通过各种手段进行打造。乡村文化IP打造模式主要有民俗类主题IP模式、艺术类主题IP模式、影视类主题IP模式和植入类主题IP模式等四种开发模式。

民俗类主题IP模式。适用于有特色、有差异化、有一定知名度的民俗文化及活动的乡村。主要以当地典型民俗文化资源为依托，提取核心文化元素，发展该项文化体验类、观赏类等主题产品；快速将乡村与民俗主题IP绑定和进行营销，能占领先机赢得消费者心智。如婺源篁岭鲜花小镇，将乡村晾晒农作物的农俗现象，打造为晒秋景观IP符号，通过举办晒秋主题活动、摄影大赛等持续营销活动，晒秋景观IP不仅入选了“最美中国符号”，也吸引了众多消费者纷至沓来。

艺术类主题IP模式。适合于具有特殊人文景观，有艺术底蕴的乡村，通过整合文化艺术名人资源、艺术院校师生资源，利用艺术品的创作与当地的生活及生态环境和产业相融合，构建艺术与乡村共生的格局，最终促进乡村的发展。如杭州外桐坞村离浙江工业大学屏峰校区与中国美术学院象山校区只有大约十分钟车程，而村外茶园环绕，村里遍栽石榴，成为美院学生写生之地。随着写生名气越来越大，也吸引了一些艺术家开始进入外桐坞村进行创作，后经统一规划打造成为田园艺术村落。

影视类主题IP模式。适用于有可整合的影视动漫IP资源，符合影视场景的空间与氛围或有影视动漫作品曾在此拍摄或创作过的乡村。依托影视动漫类IP，结合当地资源条件，导入主题系列产品，形成该IP主题的整体环境和氛围，并将影视动漫体验活动现实化。如西班牙胡斯卡小镇蓝精灵村，为了宣传3D电影《蓝精灵》，索尼影业将村中所有的175栋建筑都涂成了蓝色，本来想等电影宣传期结束后就涂回白色，可是居民们后来觉得蓝色也挺好的，于是胡斯卡便成为世界上第一个，也是唯一一个官方授权的蓝精灵之家。自从变成蓝色以后，这个只有200多人的西班牙南部小镇就实现了逆袭，半年工夫接待游客已达8万余人。

植入类主题IP模式。适用于能够利用整合成熟IP公司资源的乡村。通过考量IP公司，其IP是否有一定知名度、有一定追随者、成熟产品支撑和咨询、投资建设、运营管理等综合能力，分析其是否有一定的延展能力和消费迁移能力，最终让IP植入乡村环境，从而成为植入类主题的乡村IP。如成都和盛田园东方田园综合体，乐活田园板块导入国内知名原创IP阿狸，利用自带千万级“狸粉”的效应，搭档成熟的自然乐园团队，让项目一期迅速引爆市场。

当下国内的IP概念乡村很多，但真正能够成功的却很少，一方面是对乡村的IP定位存在偏差，另一方面是对特色乡村的IP化缺乏持续的周期探索，忽视IP的营销规划。未来的乡村发展，亟须更多优秀的乡村文化IP内容，即在乡村原有的风土人情、资源特色、原乡文化、地方美食等的基础上，挖掘、提炼、升华，打造独特的乡村文化IP，让每个地方的乡村都有自己的个性和特色。

地域文化IP

地域文化IP源自某一特定地区，是具有独特文化价值和地方特色、能够吸引消费者并形成一定的经济价值的文化内容。地域文化IP是在对应的环境条件下产生的，不同的地区会形成不同特色的文化。不同国度也有不同类型的文化，如希腊文化、埃及文化、印度文化和中国文化等。

地域文化IP是各地区在历史长河中形成的独特精神内涵和物质表现，它融合了地理环境、民族迁徙、社会变迁等多种因素，涵盖了特产、风俗、历史、景观、建筑、名人及非遗技艺等多个维度。中国地域广阔，同样具有多样的地域文化，如齐鲁文化、巴蜀文化、楚文化、吴越文化、两广文化等，每一种文化类型都有特定的构成方式及其稳定的特征。很多的地域性元素也成为一种地域文化的符号，是地域特征的形象化表现。

地域文化IP主要有地域特产、地域风俗、地域历史、地域景观、地域名人、地域非遗技艺、名胜古迹7个方面的内容。

地域特产是指某一特定地区的独特物产资源，这些特产往往与当地的自然条件紧密相连，如江南的丝绸、茶叶，东北的人参、鹿茸，西北的枸杞、葡萄等，它们不仅是当地人民生活的重要组成部分，也是地方经济的重要支柱，更是承载着一方水土风情的独特符号。

地域风俗则是指各地特有的生活习惯、节庆活动、民间信仰等非物质文化遗产，如闽南的妈祖文化、川西的藏历年、华北的庙会习俗等，这些风俗习惯不仅展现了各地人民的生活智慧和精神追求，也传承了深厚的历史文化底蕴。

地域历史是指各个地区的独特发展历程和重大事件，如中原的华夏文明起源、江南的“鱼米之乡”形成史、西南的茶马古道兴衰历程等，这些历史积淀塑造了各地区独特的性格和气质。

地域景观则以其直观可感的形式展示了地域文化的魅力。无论是黄土高原的窑洞、江南水乡的石桥瓦屋，还是西北大漠的长城遗迹、岭南园林的精巧布局，都是地域文化IP的具体载体，反映了一方人民的生活方式和审美观念。

地域名人是各地文化孕育出的杰出代表人物，他们通过各自的贡献和影响力，进一步丰富和提升了地域文化IP的内涵，如孔子之于山东、李白之于四川、鲁迅之于浙江等，他们的生平事迹和卓越成就已成为地域文化不可或缺的一部分。

地域非遗技艺是传统文化中的瑰宝，如剪纸、刺绣、陶艺、皮影戏等，它们不仅体现了中华民族卓越的手工艺水平，更承载着深厚的民俗文化和历史记忆。

名胜古迹也是地域文化IP，是指具有历史文化价值的名胜古迹及其相关的文化内容所形成的IP内容。这些名胜古迹包括历史建筑、古代遗址、文化景观等，它们承载着丰富的历史信息和文化内涵，是国家和民族的文化遗产。

地域文化内容丰富多样，生动立体地展现了各地不同的风土人情和历史风貌，是国家文化多样性的重要体现，值得珍视和传承。地域文化IP不仅是当地文化的载体，也能成为推动地方经济发展的重要动力。通过开发相关产品，地域文化IP可以提升地方知名度，带动旅游业发展，促进就业，提高居民收入。地域文化IP还有助于传承和发扬民族文化，增强民族自豪感和文化自信。

民族文化IP

民族文化IP是某一特定民族生产、生活的特色属性，是这一民族文明的表现，是以民族文化为元素，经过创新设计、策划和包装后形成的具有独特文化价值和市场潜力的文化产品，既包括传统文化的传承与创新，也涵盖了现代文化的创造与发展。

中国是一个多民族的国家，每一个民族都拥有自己独特的民族文化IP。民族文化IP的内涵丰富多样，它是一个民族在长期历史发展过程中形成的独特精神财富和物质财富的总和，是民族个性、传统习惯、生活方式、价值观念及艺术创造等多方面内容的综合体现。民族文化内容包括民族特产、民族习俗、民族历史、民族传说、民族建筑、民族名人、民俗技艺、民族文字、民族图案等。

民族特产通常指的是某一民族地区特有的物产资源，包括特色农产品、手工艺品、药材、美食等。这些特产不仅反映了一个民族与特定地理环境的互动关系，还承载着该民族独特的生产技艺、饮食文化和审美情趣。

民族习俗是各民族日常生活中世代相传的行为方式和规范，包括服饰习惯、饮食礼仪、居住习俗、节日庆典、婚丧嫁娶仪式、岁时活动等。民族习俗是民族历史记忆和社会规范的重要载体，通过传承这些习俗，民族的传统得以延续并塑造了民族的独特性。

民族历史是指一个民族从起源、发展到现状的全过程，记录了民族迁徙、融合、斗争、发展的历史事件、重要人物和重大变革。民族历史是民族文化的基石，积淀了民族的精神特质和智慧。

民族传说作为一种口头或文字传承的文化遗产，包含神话故事、英雄史诗、民间寓言等，往往是解释民族起源、自然现象及社会伦理道德的重要途径，反映了民族的价值取向、世界观和人生观。

民族建筑是民族文化中最具象征性和表现力的部分，不同的建筑风格和技术反映了民族适应环境的能力和审美追求。如汉族的四合院、苗族的吊脚楼、藏族的碉房等，既是实用的生活空间，又是民族艺术和信仰的实物表达。

每个民族都有自己的杰出人物，在文学、艺术、科学、政治、军事等领域做出卓越贡献，成为民族自豪感和文化认同的重要标志。他们的生平事迹、成就及思想，丰富了民族的历史叙事。

民俗技艺包含了民间传统的工艺技术，如织绣、陶艺、剪纸、雕刻、编织、漆器制作等，这些技艺既具有实用性，又富含艺术价值，是民族智慧的结晶和非物质文化遗产的重要组成部分。

不同民族的文字系统体现了各自的文化特征和思维方式，如汉字对于汉族、蒙古文对于蒙古族、维吾尔文对于维吾尔族等，每种文字都是文化传承和交流的重要工具，民族文字还在书法、篆刻等方面形成了独特的艺术表现。

民族图案广泛应用于装饰艺术领域，如刺绣、织锦、壁画、陶器纹饰等，以丰富的象征意义和寓意传达出民族的世界观、宇宙观和生活理想，也是民族审美趣味和精神世界的视觉化表达。

民族文化IP是一个立体多元的概念体系，涵盖了生活的各个方面，是民族生命力和创造力的生动展现，也是人类文明宝库中的璀璨瑰宝。每个民族都应当珍视和传承自身独特的民族文化，使之在时代发展中焕发新的活力，为构建和谐世界做出贡献。

打造民族文化IP不仅能保护和传承民族文化，还能推动文化产业的发展，提升国家文化软实力。民族文化IP是将民族文化与现代商业相结合的一种创新方式，对于弘扬民族文化、发展文化产业、提升国家文化影响力都有着重要的作用。

企业文化IP

企业文化IP是企业发展过程中所形成和凝聚的一种文化象征符号及文化内容，具有强烈的企业属性。企业文化IP是企业在市场营销活动中形成的具有自身特色的无形资产，由一系列具有企业属性的文化要素组成，如品牌故事、企业历史、企业使命、企业价值观、企业商标、企业专属色彩、企业口号、企业标准图形符号等。企业文化IP能够帮助企业实现品牌溢价，打造差异化竞争优势，有助于提高民众对企业的认同感。

企业文化IP的重要性表现在企业凝聚力方面。涵盖企业的理念、价值观和精神，能强化企业内部管理，增强凝聚力。企业文化IP体现企业的专业性、权威性和信誉度，还能够凸显竞争优势。良好的企业文化IP使企业能够在市场上占据有利地位，吸引潜在客户，在企业文化IP打造差异化方面，拥有独特的企业文化IP，有助于区分竞争对手，实现企业的标出性。

企业文化IP的发展是一个不断变化的过程，因此企业文化IP也具有了可变性。

企业文化IP是具有企业属性的IP内容，对于企业成长具有重要意义。在激烈的市场竞争中，企业应该着重打造出属于自己的企业文化IP，并且加以推广和保护，能够为企业赢得更大的市场竞争优势。

博物馆IP

世界各民族漫长的发展历程中，积累了丰富的文化遗产，是理解过去、把握现在、探索未来的宝贵资源。为了更好地保存和展示这些遗产，博物馆的发展成为人类社会进步的一项重要任务。博物馆不仅是文物保护和研究的机构，还是历史文化的展示场所。当下博物馆还成为城市对外宣传的名片，是城市文明成果展示的窗口，也成为各个城市的会客厅。

博物馆IP是近年来发展最为迅速的IP种类，博物馆IP主要源于馆内的文物藏品。文物是古代人们对自然改造的成果，博物馆IP是对博物馆馆藏文物的发掘、研究、保护和传承文化遗产活动过程所产生的内容，是由博物馆文物藏品所引发的一系列的故事内容及创生信息，具有历史价值、教育意义和商业化应用的内容。博物馆IP的产生主要源于人类对于历史文化传承的需求和责任感。因此，由博物馆文物藏品所引发的一系列内容也受到人们的关注。

随着科技水平的提高和考古发现的增多，世界各地的文物资源及相关IP逐渐引起了广泛关注。近现代以来，很多国家成立了专门的博物馆机构，致力于挖掘、整理和展示文物，让更多人了解和欣赏这份人类共有的文化遗产。也通过不同形式的宣传来拓展博物馆IP的内容。如今文博已成长为一个全球范围内的大产业，在这个领域中，既有传统的文物内容的研究发展与创新，又有新兴的商业化开发和文化创新。这些内容都成为博物馆IP的重要组成部分，为各国提供了巨大的经济效益和文化价值。

博物馆IP是博物馆的文化内容，其中文物资源是不可再生的珍贵财产。学术界和博物馆界都十分重视文物的科学发掘和严谨研究，以便更好地揭示其历史真相和文化内涵。随着现代化城市建设和工业化进程中自然环境的变化，文物面临着诸多威胁。文物保护专家开展了大量的修复和保护工作，努力恢复文物的原貌并防止破坏，并由此不断丰富博物馆IP的内容。通过举办各类展览，文物得以广泛地向公众开放，激发了大家的学习兴趣，促进博物馆IP对民众的情感认同。展览的主题和相关的内容也成为博物馆IP的重要组成部分。

在“一带一路”倡议的推动下，文博交流逐渐扩大到全球各地。许多文物被送往国外展出，让外国人感受到中华文明的魅力。同时我国也引进许多其他国家的精品文物，通过这些活动增进了彼此的友谊和了解，促进博物馆IP的延展。在“泛IP”语境下博物馆IP还包含了博物馆建筑及博物馆作为一个公众架构所具有的独特文化内涵。

博物馆IP以弘扬民族文化、普及历史知识、促进社会发展为目标。未来各博物馆发展应在保护好文博资源的基础上，积极探索新的发展方向，为公众带来更多精彩纷呈的博物馆IP。

艺术文化IP

艺术文化IP是指具有独特艺术价值、文化内涵和市场潜力的文化元素，经过创造性开发和商业化运作后形成的IP内容。这类IP可以源自各类艺术形式，包括绘画、雕塑、建筑、音乐、舞蹈、戏剧、民间艺术、非物质文化遗产及历史文化符号等。

在文化产业中，艺术文化IP的具体表现形式多样，包括各种类型的艺术品，能通过数字化技术、衍生产品设计、主题展览等不同形式转化为IP，并进行授权合作和市场推广。知名艺术家的作品也能够作为IP开发的基础，通过版权授权制作成各种商品，或是用于公共空间的艺术装饰、大型景观项目等。还有一些艺术文化事件与主题活动，如艺术节、音乐会、舞蹈演出等，或特定的主题展览，如《国家宝藏》节目之后的系列线下展览，都可以发展成为具有一定影响力的IP。

艺术机构或艺术家与商业品牌的合作，共同创造融合了艺术与商业元素的IP，如番茄田艺术与故宫博物院、中华世纪坛艺术馆等文化IP的战略合作，通过联名产品、创意活动等形式传播和增值艺术文化IP的内容。

艺术文化IP的开发是将艺术和文化的无形资产进行有效利用和增值，同时推动文化产业的发展，满足人民群众日益增长的精神文化需求。

体育运动IP

在“泛IP”语境下体育运动IP涵盖了与体育相关的各种品牌形象、版权、商标、专利及特定的无形资产，这些内容通常与体育组织、赛事、运动员、场馆等相关联。通过授权、赞助、媒体传播等方式实现商业化运作和增值，是现代体育产业的核心竞争力和市场驱动力，是连接体育与经济的重要桥梁。

体育运动IP包括运动员IP、赛事IP、俱乐部IP、场馆IP等。

运动员IP主要是指优秀运动员个人的品牌价值，如姚明、C罗（克里斯蒂亚诺·罗纳尔多）、罗杰·费德勒等世界级体育明星。他们凭借出色的运动表现、健康阳光的形象及积极的社会影响，构建了强大的个人IP。运动员IP是以其个人品牌、声誉、成就为基础形成的IP，如姓名权、肖像权、代言权等。商业化主要包括代言广告、社交媒体推广、个人周边商品开发等。

赛事IP是体育运动IP中的重要组成部分，如奥运会、世界杯足球赛、NBA篮球联赛、马拉松比赛等。这些大型国际或国内赛事拥有极高的知名度和影响力，通过长时间的品牌积累和卓越的赛事运营，形成了独特的文化内涵和强大的追随者基础。赛事IP的价值主要体现在赛事转播权销售、赞助商合作、门票收入及相关衍生产品的开发等方面。其IP内容包含赛事名称、标识、吉祥物、历史传承、赛事规程等一系列相关内容。在全球范围内，赛事IP已经成为体育产业的重要收入来源之一，对推动体育产业链条的完善和发展起到关键作用。

俱乐部IP主要指职业体育俱乐部的品牌价值，如曼联（曼彻斯特联足球俱乐部）、皇马（皇家马德里足球俱乐部）、洛杉矶湖人队等全球知名俱乐部。它们凭借自身的历史传承、竞技成绩、球星效应及丰富的球迷文化，积累了极高的品牌价值。职业体育俱乐部的IP内容，包括队徽、队名、球队文化、吉祥物、俱乐部历史等。

场馆IP主要是指标志性体育场馆因其独特设计、历史事件及举办的重要比赛而形成的无形资产，包括场馆名称、场馆标志、场馆造型等IP内容。

基于体育运动IP设计、生产和销售的商品，就成为体育运动IP产品，如球衣、纪念品、游戏、电影、动画、图书、主题公园等。这类IP产品不仅能拓宽体育产业的收益渠道，也能进一步提升体育运动IP的影响力和生命力。

体育运动IP是一种高度整合的无形资产，既包含体育文化的积淀，也囊括了商业模式的创新，对于推动体育产业的发展、提升社会公众的体育参与度，以及丰富人们的文化生活都有着不可替代的作用。随着我国体育事业的蓬勃发展，体育运动IP的挖掘、培育和保护将更加受到重视，其价值空间和市场潜力也将得到更大程度的释放。

院校文化IP

“泛IP”语境下，院校文化IP也成为IP的重要组成部分。院校文化IP是指教育机构在长期办学过程中积累的独特文化资源，经过提炼、设计、开发和市场化运作后形成的具有显著标识性和广泛影响力的无形资产。它是校园历史传统、学术精神、人文素养、价值观念、品牌形象等多元文化元素的高度凝练与升华，是提升学校软实力、扩大学校社会影响力的重要载体，因此又叫作校园文化IP。

院校文化IP的核心是其深厚的历史积淀与独特的文化底蕴。每一所历史悠久的学校都拥有丰富的历史文化资源，如校训、校歌、标志性建筑、知名校友、重大历史事件、学术研究成果等，这些都是构建院校文化IP的基础素材。通过深入挖掘、整理、传承这些文化符号，可以塑造出独一无二的院校形象，彰显学校的特色。

院校文化IP的构建旨在实现文化价值的传播与共享。通过对文化IP的打造，学校能够将内在的文化精神以更生动、更具象的方式展现给公众，增强社会各界对学校文化的认知度和认同感，进而提升学校的知名度和美誉度。高校会将校史故事、杰出校友的事迹、科研成果等内容转化为影视作品、文创产品、网络课程等形式，使学校文化走出校园、走向社会，实现更大的社会价值。

院校文化IP也是推动学校创新发展的重要动力。优秀的院校文化IP能够激发师生的自豪感和归属感，营造良好的育人环境，助力人才培养。通过文化IP的运营，学校能够拓宽经费筹集渠道，促进教育资源的有效配置，为学校的长远发展提供有力支撑。

在具体实践上，院校文化IP的建设涵盖品牌策划、形象设计、产品研发、市场推广等多个环节。北京大学的未名湖、博雅塔等校园景观及其蕴含的人文精神，构成了北京大学独特的文化IP，被广泛应用于各类宣传品和IP产品中，成为展示北京大学形象和精神风貌的重要窗口。

院校文化IP是一种深具内涵、富有生命力的教育资源。它不仅是学校的精神象征，更是连接历史与未来、教育与社会、知识与生活的重要桥梁。

超级IP

超级IP是指在某一领域内具有极高知名度、广泛影响力和强大商业价值的文化或娱乐IP，涉及文学、影视、动漫、游戏、音乐、体育等多个领域，通常具有较高的市场价值和商业潜力。通过多元化的内容输出和持续性的运营推广，超级IP形成了强大的追随者基础和社会效应，实现了从单一产品到全产业链的深度开发与拓展。超级IP的成功往往依赖于其独特的创意、精良的制作、广泛的传播及深入人心的形象。

超级IP具有很高的知名度和影响力，能够吸引大量追随者和关注者。这使得超级IP在市场竞争中具有很大的优势，容易获得消费者的认可和喜爱。超级IP具有很强的跨媒体传播能力，通过各种渠道进行推广和传播，如电视、网络、社交媒体等。这使得超级IP能够迅速扩大影响力，吸引更多的追随者和关注者。超级IP具有很高的市场价值和商业潜力，能长期保持热度。这使得超级IP能够在竞争激烈的市场中脱颖而出，实现持续的商业成功。

超级IP具有极强的跨界衍生能力和商业延展性。围绕一个核心IP，可以开发出电影、电视剧、动画、漫画、小说、游戏等多种形式的内容产品，还能进一步衍生出玩具模型、服装周边、主题乐园、线下活动等实体商品，实现IP价值的最大化挖掘和利用。

超级IP具备长久的生命力和自我更新能力。而这种生命力源自IP背后的创作团队对市场趋势的敏锐把握，以及对IP内容创新性和时代性的持续追求。

超级IP对于文化影响力的传播和国家软实力的提升也有着不可

忽视的作用。《西游记》《哪吒》等传统文化IP经过现代演绎和国际传播，不仅在全球范围内弘扬了中国传统文化，更成为我国文化“走出去”的重要载体。

《西游记》系列已经成为了一个超级IP。它不仅包括原著小说，还涵盖了电影、游戏、主题公园等多种形式的衍生产品。《西游记》的成功得益于其独特的世界观、引人入胜的故事情节及深入人心的角色形象。《封神》是一个由众神组成的虚构世界，包括众多知名角色。《封神》通过电影、电视剧、漫画、游戏等多种形式进行传播，形成了一个庞大的产业链。《封神》的成功在于其丰富的角色设定、紧张刺激的剧情及精良的制作水平。超级IP的核心是独特且深入人心的故事和角色塑造。无论是《西游记》还是《封神》，都凭借丰富立体的人物设定和引人入胜的故事脉络，成功吸引了全球范围内的大量追随者，构建起强大的情感连接和认同感。

超级IP还能通过销售各种衍生产品来实现商业变现，如玩具、服装、文具等。这些衍生产品通常具有较高的附加值，给IP方带来丰厚的利润。在未来，随着科技的发展和消费者需求的变化，超级IP将更加注重个性化、互动性与沉浸式的体验创新，为全球文化创意产业打开更为广阔的发展空间。

第三章
“泛IP”语境下IP产品的种类

IP产品将本来割裂的产品与文化内容重新整合为一体，在设计产品的过程中植入文化理念，使得产品更具有生命力和商业价值。不同类型的IP所对应的IP内容及展示元素也不尽相同。因此，其对应IP产品的形式与内容也会随着IP形态的差异而有所不同。

“泛IP”语境下IP内容与产品设计相结合也成就了IP产品。抛开产品功能性，基于IP分类的多样性，IP产品的种类也存在多样性。

由不同类型的IP所开发的IP产品，其种类也不尽相同。随着社会的不断发展、科技的不断进步，设计理念的不断变化，产品与IP的融合也更加多元化。

IP产品设计是IP融入产品设计的应用形式，包括IP衍生产品和文创IP产品两大类。IP衍生产品又叫IP周边产品，是根据IP主题类型进行的分类，主要包含影视、游戏、动漫等IP所衍生出来的产品。而文创IP产品则是根据IP主题内容所处的应用场景的不同而进行的分类，主要包含企业文化礼品、博物馆IP产品、IP主题玩具、乡村IP文创产品、红色IP文创产品、体育IP文创产品、院校IP文创产品、景区IP纪念品、IP文创包装、IP文创食品、数字藏品等。

“IP+产品”与“产品+IP”

IP产品设计分为两种设计目的，一种是利用IP赋能产品，另一种是利用产品宣传IP文化，这两种设计目的也体现在IP产品开发及应用过程中。“IP+产品”与“产品+IP”，反映了市场策略和品牌构建方式的不同。这两种模式都涉及IP与产品的结合。

在“IP+产品”的模式中，是利用已有的、具有广泛影响力的IP来提升产品的知名度。这种模式强调利用IP的追随者基础和文化价值来推动产品的销售。影视、动漫、游戏等IP会被用于开发相关联的玩具或其他商品，这些商品因IP本身的热度而受到市场的关注。相比之下，“产品+IP”的模式则是通过打造属于这个产品的独特IP来增强其品牌形象。在这种情况下，产品本身是核心，IP则围绕产品进行构建和发展。

特定文化内容能够形成独特的IP，通过相应的IP产品进行文化IP的宣传，能进一步加强消费者对文化IP的黏性。无论是“IP+产品”还是“产品+IP”，都是为了创造更大的商业价值。无论哪种模式，成功的IP融合都能为产品带来竞争优势，增加消费者的购买意愿，并有助于长期的品牌建设。

“IP+产品”侧重于短期的营销效果，需要不断寻找新的IP合作以保持新鲜感；“产品+IP”注重长期的品牌塑造，它要求企业有更强的内容创新能力和持续的IP运营能力。

选择任何一种模式进行产品与IP的融合，都取决于企业的资源、目标市场及产品的特性。最终目的是通过借用现有IP的力量和发展新的IP模式来进行产品开发。关键是要找到适合自己的IP战略，将IP的价值最大化地融入产品之中，从而在市场上脱颖而出。

衍生产品与文创产品

衍生产品又称派生产品，是指基于某一IP主题所创造出来的另一种或一系列具有一定商业价值的商品，是IP产品的一种重要的形式，是能够在现实生活中使用的物品。正确地理解衍生产品就是基于IP主题而打造，体现IP文化内容的产品。因此，衍生产品的设计和制作都需要符合IP本身的特点，并且发挥出IP的价值。衍生产品能帮助商家获取更多的收益，提高消费者的购买意愿。基于这种方式，企业不仅要利用IP来吸引消费者，而且要借此机会推广企业的品牌和产品。

由于衍生产品的开发涉及很多不同的环节，因此也需要考虑各环节对其的影响。企业需要找到合适的IP来进行衍生产品开发，考虑市场的需求及消费者的喜好等因素，以便确定何种类型的衍生产品最有可能受到欢迎。通过大量的营销活动，确保对IP的持续热度来促进衍生产品成功地在市场上销售。

衍生产品能够涵盖较多类型的产品范畴，包括服装服饰、家居用品、玩具模型、数码周边、食品饮料等多个领域。当下主流的衍生产品有影视周边产品、游戏周边产品、动漫周边产品。动漫IP能被用来衍生出服装、食品、文具、玩具等产品。而游戏IP也能应用在纪念品、艺术品甚至生活用品中，这些都属于衍生产品。

衍生产品的发展可以追溯到20世纪初的迪士尼公司。最初的衍生产品主要是玩具和服装等。进入21世纪，随着互联网技术的发展和消费观念的变化，衍生产品的形式和内容也日益丰富多样，从实体商品扩展到了数字产品及服务体验。

在中国，衍生产品的开发相对较晚，但发展速度非常快。从各类影视周边商品，到以传统文化为主题的文创产品，都体现了我国在IP衍生产品开发方面的巨大潜力。衍生产品的发展历程是不断探索和创新的过程，既反映了人们对于文化的热爱和追求，也是文化产业不断发展壮大的重要标志。

IP是衍生产品的基础，而衍生产品则是IP价值的延伸和扩展。IP为衍生产品的开发提供了丰富的素材和创意来源。优秀的IP都具有独特的艺术价值和精神内涵，这些内容能够被转化为各种形式的商品和服务，满足消费者对高品质文化消费的需求。

受欢迎的文学IP被改编成电影、电视剧、动漫等多媒体形式展示，带动相关周边商品的销售。衍生产品的开发和销售能进一步提升IP的影响力。通过将IP与实际生活相结合，让更多的人了解IP内容，从而形成强大的追随者群体和口碑效应。IP与衍生产品之间是一种相互依存、相互促进的关系。只有在尊重和保护好原IP的基础上，合理地开发和利用衍生产品，才能实现IP的最大价值，并推动文化产业的持续创新和发展。

随着我国文化产业的快速发展和IP保护意识的提高，衍生产品市场正在逐步走向成熟。从市场需求来看，消费者对于具有独特文化内涵和艺术价值的衍生产品有着强烈的需求，这为市场的发展提供了广阔的空间。从产业环境来看，政策层面的支持、技术的进步以及资本的涌入，都为衍生产品市场的繁荣创造了有利条件。

衍生产品以IP为核心，设计围绕已有的、具有广泛认知度和影响力的IP文化元素展开。IP元素可以是故事、角色、品牌或者标志性的艺术作品等IP内容。衍生产品设计重视商业化开发，通常是为了将IP的商业价值最大化，通过授权给不同的生产商或制造商来生产一系列商品。衍生产品还重视对IP主题的忠实性，为了保持IP的识别度，衍生产品往往需要遵循一定的设计原则和规范，确保产品的设计风格和视觉元素与原IP保持一致。衍生产品设计具有明确的目标市场，目标消费者通常是IP的追随者群体，他们对IP有深厚的情感连接。

文创产品是文化创意产品的简称，是指基于文化资源、文化内涵和创意设计而开发的具有市场价值的各类产品。文创产品源于文化主题，经由创意转化。文创产品更侧重于创意和创新，从传统文化、地域特色、现代艺术等多种文化资源中汲取灵感，并进行再创造。文创产品旨在通过创意设计来传达某种文化信息或价值观，这种表达方式具有象征性和隐喻性。文创产品设计追求产品的独特性，尝试新材料、新工艺或新形式。除了实用功能，文创产品还强调其艺术性和审美价值，常常被看作是艺术品或是生活中的美学点缀。文创产品的目标市场更为宽泛，能够吸引寻求独特体验的消费者。

衍生产品主要针对消费者市场，具有商业属性。而文创产品则旨在传递文化信息和独特价值，增加市场认同感。衍生产品和文创产品都是基于既定的IP主题内容而进行的设计和创作，因此它们都是IP产品。衍生产品更注重商业化运作，通常会更加关注市场的需求和接受程度。文创产品则更注重文化的传承和创新，一般会更加强调艺术性和原创性。但是，两者之间也存在着一定的联系。在实际操作中，许多文创产品都是基于文化IP主题而进行的设计和创作。只有正确理解这两者的区别，才能创造出有魅力的衍生产品和文创产品。

衍生产品设计更注重IP的品牌维护和商业变现，而文创产品设计则更偏向于文化的创新表达和艺术价值的体现。在设计领域方面，衍生产品的目标主要是营销手段，而文创产品更侧重于艺术性，是文化宣传的载体；在使用范围方面，衍生产品是更适合在生活应用场景中反复使用的实用型产品，文创产品注重文化的传播与初次使用的体验，是更适合于快消品类的产品。

在“泛IP”的语境下，IP内容和形式的创新和迭代也不断地发展，伴随着“文化消费”需求的不断提高，衍生产品和文创产品都已成为一股强大的力量，为文化领域增添了更多可能性。为了获得成功，衍生产品和文创产品开发过程中应注重对IP产品的质量把控、营销和合作等因素，使衍生产品和文创产品能够做大、做强、做好，推动产业的发展。衍生产品和文创产品市场前景广阔，在“泛IP”的语境下衍生产品和文创产品都有望成为我国文化产业的重要增长点。

周边产品

周边产品是衍生产品的另一种叫法，通常是指与某一特定主题或品牌紧密相关的衍生商品，这些衍生商品并非主体产品本身，而是基于主体的创意、形象、故事等元素设计和生产的附加产品。周边产品的概念起源于动漫文化，但现在已经广泛应用于游戏、电影、电视剧、音乐、体育、品牌等领域。

周边产品主要分为“硬周边产品”（core hobby）和“软周边产品”（light hobby）两大类。“硬周边产品”与“软周边产品”的概念最早源自国外动漫产业的衍生产品。

在原始定义中，以纯观赏、收藏为目的的产品类型被称为“硬周边产品”，通常是指那些主要以收藏和展示为目的，具有较高工艺水平、艺术价值或限量生产的衍生商品。这类周边产品往往与动漫、游戏、电影等流行文化IP紧密相关，设计精美且注重细节还原，不强调实用功能，更多地承载着追随者的情感寄托和对原作内容的致敬。如动漫模型、手办（garage kits，GK）等。此类产品实用价值少且价格相对较高，针对的多是发烧友、收藏者等小众群体。

而以动漫形象衍生出的具有一定实用性的产品被统称为“软周边产品”，是指那些与动漫、游戏、电影等流行文化IP相关联，同时具有一定的实用功能或日常使用价值的商品。这些产品在设计上融入了原作的元素和角色形象，使得追随者在日常生活中可以使用它们来展现个人喜好或者支持喜爱的作品。如文具、服饰等商品，此类产品品类繁多，数量庞大，价格相对较低且实用性突出，因此具有更加广泛的受众群体和传播渠道。

在博物馆IP产品中“软硬周边”的区别是最为容易理解的。分别对应的是“博物馆文物复仿制产品”和“博物馆创意产品”两类。博物馆的“硬周边产品”是指那些以纯观赏性、装饰性、收藏性为目的，对文物具有高还原度的“复仿制品”。此类产品能对文物进行深度的还原，甚至达到以假乱真的程度，但其普遍具有实用价值不突出、价格昂贵、受众群小、流通性差等劣势，使其关注度在当前消费市场中呈现逐渐下降的趋势。而博物馆“软周边产品”则指那些借用文物形象而设计的具有实用性的各类创意产品。通过对文化元素的二次设计而衍生出的产品，不仅能打破原有文物在形式和功能上的种种束缚，更加符合当代人的审美及日常需求，还能通过批量生产的方式降低成本，使消费者买得起、用得起，因此迅速成为博物馆传播文化的重要载体和主要形式。

在设计实践中的“硬周边产品”的具体类别包括手办、高级模型、扭蛋、限定版画册、艺术设定集、签名版商品、纪念版商品等。其中，手办是指具有高度细致的角色模型，通常采用PVC、树脂或其他材料制作，经过精心涂装，人物表情、服装纹理及动态姿势都力求精准还原，部分高端手办可能还会使用金属部件、透明件及精细的内部骨架结构，以提升质感和可动性。高级模型一般需要自行拼装或完成涂装工作，完成后作为静态展示品。手办可以是具备关节活动功能的玩偶或高度仿真的动作人偶，其材质、造型、可玩性都非常高。限定版画册是包含大量原创插图、概念设计稿、故事背景资料等的高质量印刷品，常常限量发行，极具收藏意义。艺术设定集为带有作者签名、编号认证的海报、画报或特殊包装的商品。“硬周边产品”的特点是其具有较高的价格、较低的实用性，以及对于原作形象的高度再现能力，它们通常面向核心用户市场，满足深度爱好者收藏和展示的需求。

在设计实践中，“软周边产品”的具体分类包括文具类、服饰类、生活用品、饰品类、数字商品等产品。其中，文具类产品包括印有动漫角色图案的笔记本、便笺纸、笔袋、笔、橡皮擦等，既实用又具有观赏性。服饰类产品包含T恤、卫衣、帽子、袜子、围巾等服装及配饰，通常会印制或绣有相关IP的标志、角色头像或标志性图案。生活用品主要是带有动漫主题图案的抱枕、毛巾、杯子、雨伞、餐具、手机壳、鼠标垫等，这些都是日常生活中经常使用的物品。饰品类产品包括钥匙扣、挂件、胸针、项链、耳环等，将作品中的元素制作成小巧可爱的装饰品。数字商品虽然不属于实体商品，但诸如壁纸、主题、表情包等也可以视为一种软周边，用于装点用户的数字设备。

“软周边产品”相对于“硬周边产品”来说，其价格一般较为亲民，更便于广大爱好者接受并购买，同时也因其实用性而在市场上拥有更为广泛的受众群体。通过“软周边产品”，消费者能够在日常生活中感受到流行文化的氛围，也能表达对特定IP的喜爱之情。

影视周边产品

影视周边产品是一种与特定电影IP和电视剧IP相关的商品。通常是由授权商生产并在全球范围内销售的商品，也被称为影视IP的衍生产品。影视周边产品并不是新的概念，它已经存在了几十年之久。随着社会发展和社交媒体的影响，这一市场正在不断壮大并呈现多样化的趋势。影视剧中的角色和故事都能衍生出大量的周边产品，从玩具到家居用品，一应俱全，并伴随着影视剧上映的档期定期推出新品，以满足市场需求并保持IP的活力。

影视周边产品受欢迎主要归功于三点原因。第一，影视IP本身的魅力。许多人之所以购买影视周边产品，是因为他们喜欢这些影视IP中的角色、道具、服装或故事。通过购买和使用周边产品，能更深入地参与到自己喜欢的影视IP中，并在日常生活中表达出自己的热爱和喜好。第二，影视周边产品的创新设计和高品质。大多数影视周边产品都是由专业的设计师和制造商生产的。产品力求将每个细节都做到最好，以便使消费者获得最佳的产品使用体验。第三，影视周边产品的收藏价值。对于经典的影视IP，其周边产品往往具有较高的收藏价值。许多消费者会购买这些影视周边产品来满足自己的收藏欲望。

影视周边产品是连接影视IP与观众的重要桥梁，能够让消费者更好地参与和连接影视IP，同时也能为制作方带来可观的经济收益。

游戏周边产品

游戏周边产品是指利用游戏IP的内容进行设计开发的商品形式，也被称为游戏衍生产品。游戏周边最常见的产品形式是游戏角色手办、T恤、生活用品、电子产品等。这些产品除了能帮助游戏爱好者更好地融入游戏世界，还能满足游戏爱好者们的收集欲望。游戏周边产品的历史可以追溯到20世纪80年代末，当时日本的游戏机厂商，包括任天堂、技嘉、索尼等，开始尝试将游戏角色形象印制在T恤上进行售卖。随着电子游戏产业的快速发展，游戏周边产品已经不再局限于衣服和饰品，而是拓展到了各个产品领域。

游戏角色模型是最常见的一种游戏周边产品，通常用于展示或收藏。游戏角色模型一般按照游戏中的人物形象设计，制作逼真，受到广大游戏爱好者的喜爱。服装也是游戏周边产品的一大类，包括T恤、帽衫、卫衣、牛仔裤等。基于游戏IP的服装通常会在正面或背面印制游戏的Logo、主角形象或其他IP元素，让游戏爱好者在生活中也能展现出自己的个性。游戏周边产品还包括手表、项链、耳环、戒指等配饰产品。这类产品一般较为精致，还能作为礼物送给亲朋好友，以展示对某个游戏的热爱。在家居类用品中也有不少游戏的周边产品，包括床上用品、餐具、桌布、毛巾等。这些产品通常会印有游戏主题图案，让游戏爱好者在家里也能感受到游戏的氛围。游戏周边应用最为广泛的是电子产品，因为这些产品是能够进行游戏的工具，具有极强的代入感。电子设备主要包括手机壳、键盘、鼠标、耳机、氛围灯等产品。这些类型的产品通常会有游戏的主题色彩或图案，让游戏爱好者在使用过程中能更沉浸于游戏的世界。

游戏周边产品的价值体现在三个方面。第一，游戏周边产品帮助游戏爱好者更好地沉浸在游戏世界中。当游戏爱好者穿上印有游戏人物的T恤时，会感觉仿佛真实进入游戏的虚拟世界。第二，游戏周边产品具有收藏价值。对于经典游戏而言，周边产品往往具备较高的纪念意义和投资价值。第三，游戏周边产品也是游戏厂商的重要收入来源之一。通过售卖游戏周边产品，游戏厂商不仅能增加自身的盈利，还能进一步提高游戏IP的影响力。

动漫周边产品

动漫周边产品是指用动漫IP的内容来进行设计的商品，也称动漫衍生产品。当前市场上的包括模型、玩具、文具、服装等产品都属于动漫周边产品。这些产品让动漫爱好者更深入地感受动漫的内容，并将其带入日常生活。这些产品通常在动漫作品中出现的角色或道具的基础上制作而成，能够帮助追随者更好地体验动漫IP。

关于动漫周边产品的起源和发展历史，最早的记录可以追溯到20世纪初。当时日本的一些漫画家开始将他们的作品改编成动画，并在电影院上映。随着动画的普及，一些公司开始生产和销售与动画相关的玩具和其他实物产品，如服装、文具等。这些产品就是最早的动漫周边产品。

随着时间的推移，动漫周边产品的种类和数量不断增加，越来越多的公司开始投入到这个领域中。特别是在20世纪80年代以后，动漫周边产品得到了迅速的发展。如今动漫周边产品已经成为了一个庞大的产业，不仅在日本，而且在全球范围内都有着广泛的影响。在发展过程中，动漫周边产品的质量和设计水平也在不断进步。起初动漫周边产品主要是以塑料和金属为主要材料制作的手办产品，并采用简单的加工工艺制作而成。现在许多公司已经开始使用更高级的材料和技术，并采用了更高的工艺水平，使动漫周边产品变得更加精致。

随着全球动漫文化的普及和发展，动漫周边产品已经成为了一种潮流，深受广大年轻人的喜爱。角色手办是动漫周边产品中最常见的形式，通常是根据原作中的角色形象制作的塑料或树脂模型，并且模型造型逼真、工艺精细。手办既可以供人欣赏，也能作为收藏品。T恤和背包也是较常用于展示个人喜好的一种方式，上面通常印有动漫作品中的角色形象或者标志性的图案。穿着这样的T恤或背着这样的背包，能在人群中轻松地展示自己的兴趣。动漫文具主要包括笔记本、笔袋、便签、明信片等。文具上印有动漫IP的元素，这样的文具既能满足实用功能，又能增添生活乐趣。此外，还有许多与动漫有关的日用品，如杯子、枕头、抱枕、挂饰等。这些物品通常都能够通过动漫IP的元素，让人们在生活中感受到动漫的魅力。动漫周边产品对于动漫爱好者来说，既是一种情感寄托，也是一种物质享受。

名人周边产品

名人周边产品是指与特定名人相关的各类商品，包括海报、专辑、写真集、服装、配饰、玩偶、生活用品等。这些产品的存在不仅满足了追随者对偶像的热爱与追捧，更是名人个人品牌价值和影响力的延伸体现。

许多名人在公众场合穿着的独特服饰和佩戴的饰品往往会引发时尚潮流，商家会推出相应的“名人同款”产品供追随者购买。这类产品包括T恤、帽子、项链、耳环、包等，让追随者在日常生活中贴近偶像，感受与偶像共享时尚的快乐。以名人形象为原型设计制作的玩偶、手办及人形立牌，深受追随者喜爱。它们精细还原了名人的容貌特征，无论是放在家中作为装饰，还是作为收藏品，都能让追随者时刻感受到偶像的存在。名人IP生活用品类周边商品种类繁多，涵盖文具、水杯、手机壳、抱枕、毛巾等各种实用的生活小物件，通常印有名人的肖像、签名或者代表性的图案，使得日常生活用品也充满了个性化的追星元素。随着科技的发展，诸如名人专属表情包、游戏皮肤等数字化的名人周边产品也逐渐受到追捧。这些产品让追随者能够跨越空间限制，以全新的方式与偶像互动。

名人周边产品以其丰富的种类和独特的设计满足了追随者们多元化的需求，成为连接追随者与偶像之间情感纽带的重要桥梁。这也是娱乐产业生态链中不可或缺的一环，既实现了商业价值，又增强了名人的影响力。

追随者对于偶像的热爱和忠诚是推动名人周边产品销售的核心动力。追随者渴望与偶像建立更紧密的情感联系，并通过购买、收集和使用偶像相关的商品来表达对偶像的支持与喜爱。拥有名人周边产品，追随者能展示“身份”，从而获得一种社交的身份认同感。佩戴或使用IP产品能够表明自己属于某位名人或某个流行文化圈层的一部分。

许多名人周边产品都有限量版，这类产品的稀缺性增强了其收藏价值。追随者往往愿意为了独一无二的纪念品或特殊的签名版产品而争相购买。名人个人品牌通常与其周边产品的设计和质量挂钩，优质周边产品能进一步强化名人的品牌形象。良好的品牌形象使消费者更加信任并愿意购买相关IP产品。对于追随者而言，购买名人周边产品也是一种情感投资，在消费过程中得到的精神满足远超物品本身的实用价值。如购买偶像的音乐专辑不仅是听歌，更是体验和感受偶像创作的艺术世界。名人因其在公众视野中的影响力，他们的穿着打扮往往会引领时尚潮流。因此，名人同款服饰及配饰等周边产品自然成为追随潮流的年轻人追捧的对象。

名人周边产品之所以受到市场的热烈欢迎，主要归结为追随者效应、身份认同、归属感、稀缺性、收藏价值、品牌营销、形象塑造、时尚引领、潮流跟风、情感寄托、精神满足等原因。名人周边产品不仅是一种商品，更承载着追随者的情感诉求、身份象征及对时尚文化的追求，从而在市场中形成了强大的消费需求和独特的经济现象。

企业文化礼品

企业文化礼品是企业在经营活动过程中向客户、员工或合作伙伴赠送的礼品，旨在表达感谢、激励或宣传企业文化。企业文化礼品的种类繁多，包括办公用品、家用产品、户外用品、电子产品、艺术品、纪念品、食品、快消品等。通过这些礼品，企业将品牌理念和企业文化观、价值观等企业文化IP传达给外界。

一般来说，企业文化礼品的选择需要考虑企业文化礼品的价值、实用性、独特性、多元性、质量五个方面的问题。

企业文化礼品的价值不在于价格的高低，而在于其所代表的意义。优秀的企业文化礼品应该能够反映企业的核心价值观和品牌形象，使收到礼品的人对企业产生深刻的印象。

企业文化礼品应该实用性强，这样才能确保收到礼品的人能够长期使用，从而达到持续宣传企业品牌的效果。例如，一个带有企业标识的充电宝就是一款非常实用的企业文化礼品，不仅可以方便用户随时充电，还能时刻提醒用户企业的存在。

企业文化礼品应该具有独特性，能使收礼者记住企业和其送出的礼品。特别定制的礼品盒，里面装有公司的产品样品、宣传册以及致谢信，这样就能给收礼者留下深刻的印象。

企业文化礼品应该适合不同的场合和人群，这样才能满足不同客户的需要。在节日庆典上，企业可以选择富有节日气氛的礼品，如圣诞装饰品、新年红包等；在商务活动中，企业应选择送一些高档的商务礼品，如皮革制品、高级红酒等。

企业文化礼品必须保证高质量，才能体现出企业的专业水平和对客户的尊重。无论是礼品的设计还是制作材料，都应该严格把关，确保每一份礼品都能完美展现企业的形象。

企业文化礼品的用途主要包括员工福利、客户维护和市场推广三部分。企业通过赠送文化礼品来激励员工的工作热情，建构企业员工的团队凝聚力，增强员工对企业的归属感。通过赠送文化礼品来感谢客户的支持和信任，加强企业与客户之间的合作关系。通过赠送文化礼品来进行市场推广，提升企业的口碑。

企业文化礼品是企业文化IP和品牌理念的重要载体，能够帮助建立良好的企业形象和品牌形象。为了有效地利用企业文化礼品，企业需要充分考虑礼品的选择，使其真正发挥出应有的作用。企业文化礼品也是企业IP宣传的载体，是IP产品的重要组成部分。

博物馆文创产品

博物馆文创产品是指由博物馆官方推出的，与展览和藏品文化内容相关的，以促进博物馆IP文化宣传和博物馆文化消费为导向的产品。博物馆文创产品涵盖了各类艺术品、纪念品、日用消费品。主要目的是让更多的人了解博物馆的历史和文化，并将博物馆IP推广到公众群体。博物馆文创产品的出现源于1955年美国纽约成立的“博物馆卖店协会”，当时的博物馆希望通过卖店销售的商品为游客留下美好的记忆，让更多的人了解和接触博物馆的文化。如今博物馆文创产品已经发展成为博物馆IP传播的载体，是博物馆运营的一个重要组成部分，为博物馆带来了巨大的经济效益和社会效益。

博物馆文创产品应具备五个方面的特点。第一，独特性，博物馆文创产品以其独特的设计理念和制作方法，使之与普通商品区分开来，并代表着各个博物馆不同的IP主题。第二，教育意义，博物馆文创产品往往带有浓厚的教育性质，能帮助消费者更好地理解博物馆的藏品和历史背景。通过这种方式，博物馆将自身的文化传播到更为广泛的群体中。第三，文化价值，博物馆文创产品应具有较高的文化价值。早期的不少博物馆文创产品喜欢采用高仿真技术，尽可能还原展品的真实面貌，使得消费者能在家中感受到博物馆的文化氛围，而当下更多的博物馆文创产品则是以文化与创意相结合来获得消费者的认同。第四，创新性，随着时代的发展，越来越多的博物馆推出了创新型的文创产品，让消费者能够在使用博物馆文创时获得更新的体验。第五，多样性，博物馆文创产品的种类越来越多样，除传统的明信片、T恤等商品外，还有许多其他种类的文创产品。

IP主题玩具

IP主题玩具是基于某一特定IP内容而设计和生产的玩具。这些玩具通常会以IP主题的角色、场景或道具为原型，进行精细的设计和制作，使得消费者在购买和使用玩具的同时，也能感受到IP的魅力。IP主题玩具的主要特点在于其与IP的高度一致性，无论是角色的形象，还是细节的处理，都会尽可能地忠实于IP。为了满足不同消费者的喜好，IP主题玩具也会有各种不同的款式和版本。

近年来，随着影视动漫产业的发展，IP主题玩具市场也呈现出快速发展的态势。许多知名的电影、动画、游戏等都推出了相应的IP主题玩具，受到了消费者的热烈欢迎。《星球大战》的光剑、《复仇者联盟》的超级英雄模型、《宠物小精灵》的神奇宝贝毛绒玩具、《小猪佩奇》的搪胶玩偶，还有当下销售特别火爆的泡泡玛特盲盒玩具产品等，都是市场上非常受欢迎的IP主题玩具。

IP主题玩具不仅是一种娱乐产品，更是一种文化产品的表现形式，它将IP的世界观和角色形象具象化，让消费者能够通过触摸和观赏，更深入地理解和感受IP的魅力。

乡村IP文创产品

乡村IP文创产品全称为乡村IP文化创意产品，是指在农村地区，以乡村传统文化、乡村自然环境和乡村农业生产为基础，通过创意设计和新的生产方式，开发出的具有乡村地方特色和乡村文化内涵的产品。它是乡村振兴的重要推动力量，也是实现农业多功能化、农民增收、美丽乡村建设的重要途径。

乡村IP文创产品主要包括以下两个方面：一是乡村乡土文化的挖掘与传承，如乡村传统工艺、乡村民间艺术等；二是乡村农产品的创新设计，如特色乡村农副产品、乡村非遗产品、乡村工艺品等。

乡村IP文创产品的发展，不仅可以提升农村地区的经济活力，也可以保护和传承乡村乡土文化，提高农民的生活品质，促进城乡融合发展。乡村IP文创也成为城市的人们回归自然、寻找乡愁的重要载体，对于推动社会和谐发展具有重要意义。

红色IP文创产品

红色IP文创产品顾名思义，是以红色IP为主题以宣传红色文化为目标而设计开发的创意产品。红色文化是中国共产党领导的革命、建设和改革过程中形成的具有鲜明中国特色的文化形态，是中华优秀传统文化的重要组成部分，包含了丰富的历史信息和精神内涵。

红色IP文创产品既是对红色文化的传承与发扬，也是对红色精神的创新性表达。它将红色文化宣传融入日常生活中，让红色文化以更加生动、有趣的方式走进人们的视野，增强人们对红色文化的认知，激发人们的历史责任感和民族自豪感。

2018年7月，由中共中央办公厅、国务院办公厅印发的《关于实施革命文物保护利用工程（2018—2022年）的意见》是我国红色

IP文创产品发展的分水岭，文件提到“深入挖掘革命文物的价值内涵和文化元素，运用市场机制开发更多文化创意产品，促进文化消费”，标志着以传承红色革命文化为目标的文创工程全面展开。2020年12月10日，34家红色博物馆、红色景区及文创相关领域从业机构在中国国家博物馆成立“红色文创联盟”，与会单位表决联盟章程，并签署“红色文创联盟倡议书”，这也意味着我国红色IP文创产品的发展进入新的时代。2021年11月8日，国务院办公厅印发《“十四五”文物保护和科技创新规划》，文件中明确指出：“用好红色资源、赓续红色血脉、弘扬革命文化、汲取奋进力量”。

红色IP文创产品的形式多样，包含生活日用品、办公文具用品、装饰用品等。以红军长征为主题设计的背包，上面印有长征路线图和相关的历史事件，既实用又富有教育意义；以红色经典歌曲为灵感制作的音乐盒，每播放一次红色歌曲都能让人回想起那个激情燃烧的岁月。“星火燎原”一大箱系列礼盒套装内集结了以中共一大会址的经典石库门造型为设计元素进行设计的IP产品，包括“望志路106号”冰箱贴、“望志路106号”U盘、“石库门”中共一大艺术挂绳、石库门交通卡、70周年馆庆限量纪念徽章、1921—2021帆布袋等产品。南昌八一起义纪念馆的“军事机要”游戏棋，以八一南昌起义事件为创意，依据南昌城老地图为蓝本绘制棋盘场景图，情景式地生动还原八一南昌起义的经过及其具体路线，具有极强的情感植入性，让游戏爱好者在游戏中感悟先辈艰辛，追寻革命者足迹，感悟红色文化精髓。

红色IP文创产品不仅是一种商品，更是一种文化和精神的载体。通过创意设计，使红色文化在新的时代背景下焕发出新的生命力，进一步弘扬了中国共产党的伟大精神，也为社会大众提供了一种新的学习和理解红色文化的方式。

体育IP文创产品

体育IP文创产品全称为体育IP文化创意产品，是指在体育领域中，通过创意、设计和创新思维，将文化创意与体育元素深度融合，形成具有独特审美价值、文化价值和商业价值的产品。不仅承载了丰富的体育文化内涵，还兼具实用性和艺术性，深受广大消费者的喜爱。近年来，随着我国体育事业的蓬勃发展及文化产业的深度融合，体育IP文创产品逐渐崭露头角。这一业态既体现了我国对体育精神的传承与发扬，又展现了文化产业的无限可能性，是新时代下体育与文化相互赋能、共同发展的有力体现。

体育IP文创产品涵盖了广泛的内容和形式，涉及生活的各个方面，包括体育赛事IP开发、体育纪念品设计、体育文化传播等。以各类重大体育赛事为依托，开发一系列具有赛事标识性、赛事特色和文化底蕴的文创商品，如吉祥物、徽章、邮票、纪念币等，它们记录了重大赛事的历史瞬间，赋予了产品独特的历史价值和文化价值。服饰、鞋帽、背包等生活用品，融合体育项目特征，通过精巧的设计和鲜明的运动符号，展现了积极向上的体育精神风貌。还有以体育明星和体育团队为原型创作的卡通形象、手办模型等衍生产品，这些产品让追随者们能够近距离接触并感受到运动员的魅力和风采。

以北京冬季奥运会为例，冰墩墩、雪容融等吉祥物及其IP产品，不仅富含冰雪运动元素，更融入了丰富的中国传统文化符号，深受国内外消费者喜爱，实现了经济效益与社会效益的双丰收，堪称体育IP文创产品的成功典范。

在充分理解和挖掘体育精神的基础上，体育IP文创产品融入地域特色、民族文化和现代审美理念，使产品既有体育元素的活力动感，又有深厚的文化底蕴和艺术美感。北京冬季奥运会还推出了将冰雪运动元素与中国传统文化符号相融合的剪纸、京剧脸谱等系列IP产品，既展示了中国举办国际顶级赛事的能力与自信，也传播了中华优秀传统文化，成功实现了体育与文化的双赢。

体育IP文创产品具有较高的市场价值和社会效益。满足了消费者对高品质、有故事、有情感寄托的商品需求，推动了体育消费市场的繁荣发展。体育IP文创产品可以进一步推广体育运动，弘扬体育精神，提升社会公众对体育的关注度和参与度，从而助力全民健身国家战略的实施。

体育IP文创产品是对体育资源深度开发、文化内涵丰富拓展的重要途径，它借助于创意的力量，打破体育与文化之间的界限，使体育不再仅仅局限于竞赛本身，而是成为一种富有感染力和传播力的文化载体，对于推动体育产业转型升级、提升国家文化竞争力、满足人民群众日益增长的精神文化需求等都具有深远影响和积极意义。

体育IP文创产品作为一种富有创新力和表现力的商品形式，已经成为连接体育与文化、市场与社会的重要载体，它以其独特的魅力和广阔的发展前景，正在成为我国文化创意产业中的一股新兴力量。

院校IP文创产品

院校IP文创产品是院校IP文化创意产品的简称，是一种以学校文化为基础，融合创新设计理念与现代科技手段，对校园历史、人文、学术、精神等多元文化元素进行提炼、创造和传播的新业态。它既是对校园文化的深度挖掘与传承，又是对校园品牌形象的塑造与推广，更是对学生群体审美素养和创新能力的培养，又被称为校园文创。

院校IP文创产品的核心是文化内涵的挖掘与创新表达。每一所学校都有其独特的历史渊源、学术积淀、人文精神及校训校风，这些都是院校IP文创产品的灵魂所在。通过设计蕴含学校历史故事的纪念品，或者将校徽、校训等标志性元素融入日常使用的文具、服饰中，不仅能够让在校师生感受到强烈的归属感，也能让校友和社会各界人士直观地了解并感知院校的文化魅力。

院校IP文创产品也是一种教育载体和交流媒介。它通过视觉艺术、设计美学等形式，寓教于乐，使学生在使用IP产品的同时，潜移默化地接受校园文化的熏陶，从而增强他们对院校文化的荣誉感。

院校IP文创产品对于提升学校的软实力和影响力也具有重要作用。院校IP文创产品不仅是校园文化传播的重要途径，也是展示学校形象、提升学校知名度的有效工具。如清华大学的“清华紫”系列IP产品，复旦大学的“日月光华”系列IP产品等，都在社会上产生了广泛影响，成为了学校品牌传播的重要载体。

院校IP文创产品以其独特的文化价值和教育功能，正日益成为我国文化教育建设中的重要组成部分，它既是校园文化传承创新的生动体现，也是推动高校素质教育和特色发展的重要抓手。

景区IP纪念品

景区IP纪念品是指在景区旅游过程中购买的具有纪念意义的商

品，是以地域文化IP或民族文化IP为主题进行创意设计而产生的IP产品，又被称为旅游纪念品。通常具有一定的地域特色和文化内涵，能够反映出当地的自然风光、历史文化、民俗风情等特点。是游客在游览名胜古迹、体验风土人情时留下美好回忆的承载物品，也是游客与当地文化互动的一种方式。随着旅游业的不断发展，旅游纪念品已经成为了一个独特的产业，吸引了越来越多的关注。

景区IP纪念品的形式多样，最常见的形式包括工艺品、土特产、食品、服饰等。景区IP纪念品以文化创意为核心，将当地的历史文化、民俗风情等元素融入其中，具有较高的纪念价值、文化价值、艺术价值和收藏价值。

景区IP纪念品设计开发的主要目的有四个方面。第一，传承文化。纪念品作为一种文化的载体，将当地的历史文化、民俗风情等元素传承下去，使之代代相传。第二，宣传推广。纪念品作为一种特殊的宣传手段，通过游客的口碑传播，提高目的地的知名度。第三，促进经济发展。纪念品产业带动旅游所在地的经济发展。第四，提升游客满意度。设计独特、富有特色的纪念品，能够满足游客的购物需求，提升游客的旅行满意度。

景区IP纪念品作为旅游业的一个重要组成部分，不仅满足游客的购物需求，还具有传承文化、宣传推广、促进经济发展等多方面的作用。加强景区IP纪念品的设计开发，提高其文化内涵和艺术价值，对于推动文化旅游产业的可持续发展具有重要意义。

IP文创包装

文化创意产业的迅速发展使包装从传统的保护商品、方便运输、促进销售的功能转变为具有文化传播属性的设计载体。将包装设计渗透IP文化创意，使产品具有文化内涵，提升产品的竞争力和附加价值。

IP文创包装使商品更具趣味性和观赏性。IP文创包装将IP文化与包装创意设计相结合，不仅是对传统包装的简单改造，更是对包装设计理念的创新和突破。从食品到化妆品，从礼品到日用品，越来越多的快消品将文化内涵引入包装设计，成为IP文创包装。IP文创包装成为提升产品附加价值和市场竞争力的策略。它不仅能使产品更具吸引力，还能传达出品牌的文化内涵和价值观。

IP文创包装的设计开发目的及意义包括提升产品附加值、传承与弘扬传统文化、塑造品牌形象、促进文化创意产业发展、提高消费者购买体验五个方面。IP文创包装将文化创意融入设计中，使产品具有独特的文化内涵和审美价值，从而提升产品的附加值，增强产品的市场竞争力。IP文创包装还将传统文化元素融入设计中，使传统文化得以传承和弘扬，提高人们对传统文化的认同感。IP文创包装通过独特的设计风格和文化内涵，为产品塑造独特的品牌形象，提高品牌美誉度。IP文创包装通过创意互动设计手法，使消费者在购买和使用过程中能够参与其中。

IP文创包装作为一种创新型的包装形式，以其独特的文化内涵和审美价值，为产品增色添彩，为消费者带来愉悦的购买体验。随着文化创意产业的不断发展，将展现文化的IP内容与包装相结合，利用设计来展现IP文化内容，以文化创意为核心，将传统文化、地域特色、艺术元素等融入包装设计中，使包装具有独特的文化内涵和审美价值。IP文创包装是文化创意产业的重要组成部分，是现代包装设计的新趋势。

IP 文创食品

中国作为一个饮食大国，从食物的获取、分配、烹制到就餐礼仪，呈现高度文明与多样化。《礼记·礼运》中有关于“夫礼之初，始诸饮食”的观点。中国的饮食文化史伴随整个社会的进步与发展。而这一部饮食文化史可谓源远流长，从古至今饮食就在人类生活中占据重要位置，在儒家文化中，饮食在一定程度上被赋予了伦理的意义。北宋文人黄庭坚的《士大夫食时五观》中有言：“礼所教饮食之序，教之末也；食而作观，教之本也。”这流露出了儒家关于饮食生活的美学态度，而饮食也在当时成为一种礼教。由此可见，饮食对于人类而言，无论是从生活层面还是从文化层面来进行审视，都是一个极为重要的存在。

“食物设计”的英文是“Food Design”，又译为“美食设计”“食物美学”“食品设计”等，是设计学领域中比较新和具有特别性的研究方向。食物设计作为设计学科中一个新兴的方向，其涵盖内容是多维度的，包括心理学、材料学、美学等不同学科范围。IP 文创食品是将食物作为媒介或载体，对文化进行重塑的一个过程。IP 文创食品是从设计视角出发，结合感官、场景、服务、可持续等综合性的感知体验，对饮食文化进行解读，探讨置于文化语境之下创新式的生活形态，促进文化体验感的提升。对于IP 文创食品而言，食品不仅代表食物本身而存在，更是一种有趣的原型材料。这些材料根植于日常的生活文化中，而如何将这种材料及其相关联的一切作为设计的对象，进而改变食物与人、食物与社会等之间的关系则是食品设计需要继续探讨的问题。

大约从20世纪90年代开始，欧美国家就开始逐渐拉开对食物设计研究的序幕。法国兰斯高等艺术与设计学院是首先开展食物设计研究的高等院校。2006年，国际食品设计家协会成立，2009年由弗朗西丝卡·赞波洛（Francesca Zampollo）博士创办的国际食品设计协会成立，并逐渐开始举办与食品设计相关的研讨会。随之而来的是2014年国际食品设计期刊的创办。之后越来越多的设计学院、设计师、企业等加入到食品设计研究的行列中来，荷兰埃因霍芬设计学院等开始陆续开设与食物设计相关的专业，并对食物设计相关层面展开研究。

IP文创食品在不断发展的过程中，随着社会及相关科技的进步，其内涵与外延都在不断地发生变化和发展。IP文创食品不仅是关于食物介质的整体性研究，更是关乎饮食及其文化相关的一切系统的研究。随着互联网时代的快速发展，各种新媒介、新消费、新业态也赋予了食物更多样、更丰富的表现和体验形式，促进IP文创食品迈入了新的发展阶段。

当代语境下的IP文创食品设计应该体现三大维度：感受维度、文脉维度、效率维度。感受维度即IP文创食品设计倾向于将美味的官能感受赋予更多的意义，如亲情的、文化的、生态的价值观等；文脉维度是将传统复古与现代新兴相结合，通过文化语境不同赋予食物设计内涵；效率维度是指通过食物设计让饮食过程的取向发生变化，塑造仪式感乃至形成繁复礼仪。从设计角度切入食物及其饮食文化，就是以IP文创食品为媒介，重构这些维度之间的关系。

IP文创食品是指食物设计基础上的IP文创产品开发，亦可称之为“文创食品”。根据前述构建的设计维度，结合当前的IP文创食品案例可以看出，IP文创食品设计在感受上倾向于文化意义的塑造。在旅游商品领域，注重即时体验，以及便携的效率属性。而在文脉维度方面，则可以形成百花齐放、不尽相同的创新，或传统工艺的复古，又或新颖的时尚元素。毫无疑问，兴起于各文化旅游景区的文创雪糕、文创糖果、文创巧克力，拉开了IP文创食品被大众逐步熟悉的序幕。

数字藏品

科技企业家肖恩·普里（Shaan Puri）在其《“元宇宙”理论》中提到：“当数字生活价值大于物理生活价值时，生活中的重要事情就会被数字化。工作从工厂转到电脑，社交从邻里变为网友，游戏从现实变为虚拟。”可见数字化越来越多地融入大众生活。而数字艺术品也成为数字化精神生活中不可或缺的艺术消费品。数字艺术品具有独特的收藏性和交易便捷性，一些前卫艺术家也开始纷纷尝试创造数字艺术品，并通过区块链的手段使数字艺术品拥有独一无二、不可替代的特性，这也使其在发行的区块链上具有了独特的价值，一经推出就获得收藏家的青睐，成为时尚消费的潮流。中央财经大学报告显示，区块链技术下数字藏品成为中国数字新文创的典型代表。数字藏品正是在这种数字艺术品潮流下产生的。使用区块链技术对数字藏品确权，可以让每一件数字藏品都带有唯一的序列号，并且不可篡改、不可分割。消费者拥有链上序列号不同的数字藏品，通过网络进行交易时，交易信息会通过智能合约记录在链上实现可信追溯。

我国互联网企业也相继布局，蚂蚁金融服务集团、腾讯也都陆续推出数字藏品发行平台。2021年6月23日，支付宝NFT（鲸探）与敦煌研究院合作推出的“幸运飞天”“祥瑞鹿王”主题付款码皮肤成为我国博物馆与数字平台合作进行数字艺术品开发的起源。2021年9月13日，湖南省博物馆推出的四枚“朱地彩绘棺”文物数字藏品成为我国首个“2D”博物馆数字藏品。2021年10月21日，支付宝NFT（鲸探）推出针对文博领域的“宝藏计划”，有多家文博单位参与其中，并发行了各自的数字藏品。这也使得支付宝NFT（鲸探）成为我国首个推出博物馆数字藏品的平台。2021年10月29日，数字藏品“越王勾践剑”成为我国第一个公开销售的“3D”数字藏品。随着金沙遗址博物馆、湖北省博物馆、河南博物院、河北省博物院等博物馆的数字藏品相继售罄，我国博物馆数字藏品开始了较大范围的发展。随后越来越多的博物馆认识到数字藏品销售的火爆，并加入到博物馆数字藏品开发中，中国国家博物馆、故宫博物院、陕西省历史博物馆、秦始皇帝陵博物院、上海博物馆、山西博物院、安徽博物院、甘肃省博物馆、青海省博物馆、首都博物馆、四川博物馆、湖南省博物馆、西安博物馆院、安阳殷墟博物馆、贵州博物馆等多家博物馆都相继推出了数字藏品。2021年也成为博物馆数字藏品元年。数据显示，国内各个数字藏品销售平台中有近30家博物馆参与数字藏品推出。在国外，大英博物馆、乌菲兹美术馆、冬宫博物馆等国际知名馆也都推出博物馆数字藏品。数字技术为文化创意的传播带来了不可限量的空间，开发博物馆数字藏品成为博物馆新的机遇。

随着数字化的不断发展，数字生活也日益成为大众生活常态。数字藏品是利用数字技术开发的博物馆文创产品，是利用数字渠道对文化进行宣传的工具和手段。数字藏品注重数字时代交互作用的“参与式”，改变文化展示宣传的单向传播方式，也增强了人们对IP文化的关注度与参与度。数字藏品的出现是IP产品的一种新的形式，通过便捷消费拉近人们与文化IP之间的距离。相比实物IP产品，每个数字藏品背后对应的特定IP，不仅能够实现实时的观赏体验，还能够分享见解和快乐，是藏品走进千家万户的一种实践和探索。数字文化消费行为是基于新的业态而产生的变化，数字化时代的文化消费是在传统消费行为下，融入数字化生活而诞生的新文化消费业态。数字藏品的数字文化消费，不仅提高了数字文化供给的精准性，也促进了数字文化普惠发展。

开发数字藏品的目的是希望通过数字藏品来对文化进行宣传，唤醒民众对中国传统文化的热爱，最终形成“文化自信”的社会风尚。数字藏品也能成为向公众展示文化资源的一种方式。作为IP产品新的组成部分，数字藏品的文化功能远大于实用功能，具有极高的文化宣传意义。IP文化通过数字藏品进行展现，变成能看到、能展示、能交互、能分享等多方位体验感的IP产品，在消费者心目中烙上文化印记，这正是开发数字藏品所想要呈现给消费者的亮点。因此，数字藏品应该有一种更为开放的形式，使消费者能有更多的学习与交流机会。当数字藏品的消费者开始交流藏品心得时，这种社交行为就产生了，藏友之间的深入沟通将促进文化交流。

随着数字文化产品越来越多地进入生活各个方面，数字文化消费也成为未来我国经济发展的重要方向。从数字藏品的消费热潮来看，数字藏品已然成为推动经济发展的新动力。数字藏品为文化产业发展提供了积极的经济效益。数字藏品借助文化基因的优势，通过限量销售的营销模式，使其更具有消费市场的竞争优势。相对于其他种类的文创商品，数字藏品还具备快速消费、重复消费、廉价消费、时尚炫耀性消费、投资消费等诸多消费因素的优势。数字藏品成为促进文化保护、传承、宣传、利用及经济发展的新路径。

第四章
“泛IP”语境下IP产品设计意义

本章从“泛IP”的角度来探究“文化消费”形式与IP产品设计之间的关联。分析IP产品设计的社会价值、情感价值、商业价值、文化宣传价值、流量价值、品牌价值和圈层价值，研究IP赋能产品设计过程中IP与产品设计融合的意义，并通过将IP产品设计与玩具行业、食品行业、服装行业、快消品行业、装饰用品行业、生活用品行业、运动及户外用品行业、礼品行业、旅游行业、文博行业、教育培训行业、包装行业等不同行业中的各产品应用相结合，试图寻找“泛IP”语境下IP产品设计中的意义。

“泛IP”语境下“文化消费”与IP产品设计

“文化消费”是通过文化商品或服务来满足人们精神需求的消费。在“泛IP”语境下“文化消费”强调的是对IP文化内容的消费，而IP产品设计目标是对文化的传达，消费行为所产生的经济效益是效果。因此，“文化消费”形势下的IP产品设计与开发具有文化宣传价值和经济促进作用。

“泛IP”语境下“文化消费”的目的是消费商品所承载的文化内涵。在“泛IP”语境下的“文化消费”，消费者不仅关注商品本身的实用性，更看重商品所承载的文化内涵和使用过程中所带来的文化体验。IP产品不仅是文化符号，也是消费内容。从“文化消费”的角度来看，消费者的需求是文化品位、文化产品、文化追求。IP产品设计有了文化性，达到了消费者心理的文化预期，才能产生“文化消费”的行为。因此，开发符合消费者“文化消费”需求心理的、具有特色的IP产品，对“文化消费”的发展具有重要意义。

IP产品的出现源于“文化消费”的社会背景，虽然“文化消费”并不是中国特有的，但这一现象的出现却从另一个角度阐释了人们当下的消费需求。随着社会经济的发展和科技的进步，“文化消费”的形式和内容也在不断变化。“文化消费”不仅满足了人们的精神需求，也是社会发展的重要表现。“文化消费”创造了文化产业的繁荣，促进了文化经济的发展，为社会的发展注入了新的活力。“文化消费”是指用文化产品来满足人们精神需求的一种消费形式。“文化消费品”是人们为了满足精神需求而产生的文化产品或服务。这些产品和服务涵盖了广泛的领域。从“文化消费”的角度来看，越是具备深厚文化内涵的商品越能够引起消费者的共鸣，产生更多的经济效应。

IP产品设计是一种特殊的信息传达手段，它将不可触摸的经历变为可触摸的形式，并加以保留，是承载消费者体验的珍贵载体。通过IP产品将IP内容信息进行二次传播，也起到了文化宣传的作用。IP产品的价值在于体验的文化内容，创意IP产品作为“文化消费”中的物质商品，能够唤起消费者对“文化内容”的联想。

陕西历史博物馆推出的“虎符”系列IP产品灵感来源于古代调兵遣将的信物——虎符。通过对秦代青铜虎符的再设计和艺术加工，制作出兼具观赏性和实用性的饰品、文具等IP产品，让消费者在日常使用中触摸到古老军事文化的脉络。河南博物院还推出了模拟真实考古发掘过程的IP盲盒商品，消费者可以通过类似实际考古的方式亲手挖掘出仿制的微型文物模型，这种体验式的IP产品极大地提升了公众对考古工作的认知与兴趣，同时也让人们在娱乐中重温河南厚重的文化记忆。

IP产品设计的社会价值

IP产品是近年来文化产业创新发展的重要成果。它不仅承载着丰富的文化内涵，更是推动文化产业升级、传承和发扬优秀传统文化、提升国家文化软实力的关键载体，其社会价值主要体现在文化传承与创新、经济价值的创造、提升公众审美素养、促进教育引导、促进城市品牌形象塑造五个方面。

IP产品以独特的创意形式，将传统文化、历史故事、艺术作品等进行现代转化和诠释，使之更贴近大众生活，有利于传统文化在现代社会中的传承与传播。IP产品深深植根于各类文化资源之中，包括历史文化遗产、民俗文化、地域文化、文学艺术作品等。通过将传统文化元素与现代设计理念相结合，以实物产品的形式展现出来，使传统文化在现代社会中焕发新生，实现文化的传承与发扬。故宫博物院推出的各类IP产品，既保留了中国古代皇家文化的精髓，又赋予其时尚、实用的现代属性，让公众在日常生活中接触、了解并喜爱上中国传统文化，从而增强民族文化的认同感。

IP的兴起使得一些历史事件、传统艺术形式或者民间传说等得以以新的形式重焕生机。优秀IP往往蕴含着深刻的人生哲理和社会价值观。这些内容能够引导公众思考，并在潜移默化中影响人们的世界观和人生观。

IP产品设计能够有效带动相关产业链的发展，创造新的经济增长点，拉动消费市场，促进产业结构升级。优秀的IP产品还能成为地方或国家的一张名片，提升整体品牌形象，吸引旅游观光和投资合作，进一步推动区域经济发展。也能吸引大量的消费者，进一步激活市场活力，推动消费升级。

IP产品以富有创意的设计理念和精致的艺术表现形式，满足了人们对美好生活的追求，有助于提升公众的审美素养和精神生活质量。通过使用IP产品，能够在潜移默化中接受艺术的熏陶，提高自身的文化修养和审美能力。

许多IP产品蕴含了丰富的知识内容和价值观导向，对于青少年和社会公众具有一定的教育引导意义。科普类IP产品能激发孩子们对科学的兴趣，红色文化IP产品则能弘扬革命精神，培养爱国情怀。IP产品承载着丰富的文化信息和价值观，具有寓教于乐的社会教育功能。

各地政府和企事业单位通过对本地特色文化资源进行IP化开

发，推出独具特色的IP产品，有效提升城市品牌形象，增强地域文化的影响力和吸引力，为城市发展注入新的活力。

IP产品以其独特的艺术性和实用性满足了人民群众日益增长的精神文化需求，提升了国民的生活品质，丰富了人们的物质生活，同时也滋养了人们的精神世界，使日常生活充满艺术美感和文化内涵，有利于形成良好的社会风尚，推动社会文明进步。

在全球化的背景下，IP产品以其独特的创意性和鲜明的文化标识性，成为了不同国家和地区之间文化交流的重要载体。IP产品的流通和传播，不仅能让本国优秀文化走向世界，也能引入他国先进文化理念和创新元素，增进各国人民之间的理解和友谊，推动构建人类命运共同体。

IP产品设计不仅具备深厚的文化底蕴和商业价值，更在文化传承创新、经济发展、社会教育等多个层面发挥着重要作用，具有显著的社会价值。随着我国文化产业的持续繁荣和民众对精神文化需求的不断提升，IP产品设计将在构建社会主义文化强国、满足人民美好生活需要等方面发挥更加重要的作用。

IP产品设计的情感价值

IP产品设计的情感价值是指IP所承载的故事、角色、符号或其他文化内容在转化为产品时，能够具有激发消费者内在情感反应和心理需求的能力。这种价值超越了产品的功能性和实用性。

IP与追随者之间是具有情感联系性的。IP作为内容的载体，展现的文化内容能够通过产品引起消费者对IP的共情，从而产生对IP的情感依托。移情效应的产生使人们将对IP的情感转移到了产品上，因此也使IP产品设计具有了情感价值。

IP产品设计的情感价值主要体现在以下三个方面：

第一，IP产品的形象能够引起消费者的情感共鸣。IP代表了一种情感寄托和心理诉求，所以会自然而然地将其视为情感对象来看待。当消费者看到自己喜欢或熟悉的IP内容出现在产品中时会感到亲切和兴奋。当看到IP形象出现在产品中时，就会有一种特殊的亲切感和归属感，从而使这款产品的吸引力大大增强。

第二，IP中的故事情节能够激发消费者的好奇心和探索欲望。成功的IP都有一个完整而又引人入胜的故事背景作为支撑。故事背景的融入不仅能够让消费者更加深入地感受产品的背景信息，而且还能够对IP产品产生强烈的探究欲望。《西游记》系列中的神话世界就是一个非常典型的情感价值案例。西游记的世界充满了神秘而又奇妙的事物，它带给读者无尽的好奇心和想象空间。

第三，IP产品设计理念能够触动消费者的心灵深处。很多成功的IP产品都采用了独特的设计理念来吸引消费者目光。这些设计理念不仅仅停留在视觉层面，更重要的是，能够在消费者心中激起强烈的消费欲望。

IP产品的成功离不开其背后所蕴含的强大情感价值。无论是IP形象、IP故事还是设计理念，都能够有效地触动消费者的心灵深处，从而让消费者对IP产品有着深深的热爱和支持。

IP产品设计的商业价值

早期IP的商业价值在于直接的经济效益，如通过电影塑造的IP，商业价值在于电影的票房，出版作品在于其背后的销量。当IP

操盘手发现了IP更广阔的价值时，便开始对IP的衍生价值和创生价值进行挖掘。各类IP产品应运而生，同时也开启了对于IP内容的二次创作。但这些都只是在挖掘IP本身的价值，后来IP开始出现了符号化或标签化的概念，让IP在商业实践中拥有了为产品提供溢价的能力，IP操盘手又开始了新一轮的IP价值挖掘。IP的商业价值也从此处体现。

IP产品设计的商业价值体现在多个维度，IP设计以其独特的视觉形象和故事背景构建品牌个性，强化品牌的市场辨识度，帮助企业在众多竞争者中脱颖而出。成功的IP往往带有强烈的情感色彩和文化内涵，能够与消费者建立情感联系，提高用户黏性和品牌忠诚度，形成追随者群体。IP能应用于各种产品和服务上，如商品包装、服装、玩具、生活用品、动画、电影、游戏、主题乐园等，实现跨媒介、跨行业的商业拓展，扩大盈利渠道。借助IP的知名度和影响力，利用IP的自带流量特性降低获客成本，可以提高宣传和促销效果。通过管理IP版权，确保了创新成果的独占权，防止他人抄袭侵权，从而保障IP产生的经济效益持续增长。不同领域的品牌能通过与热门IP合作推出联名产品，利用IP的市场号召力，共同提升双方的品牌价值，实现共赢。随着IP内容的不断丰富和更新，可持续吸引消费者关注并产生持久消费，形成长期稳定的收入来源。

IP本身就是文化创造的产物，是通过文化手段创造的集成内容。IP本身包含了被受众所广泛接受的价值观和文化观念，并且集成在一个被受众乐于接受的内容当中。文化IP自身所包含的属性，也让IP在商业活动中具有了优势。

IP产品设计与文化宣传价值

IP产品的出现不仅是一种商业现象，也是一种文化现象。通过民众喜闻乐见的商品形式，使文化宣传跨越时空限制，融入日常生活中。IP产品的兴起和发展，对于推动文化宣传、带动文化发展有着深远的影响。通过IP产品设计表达，让文化教育与生活相结合，可以增进受众对文化的情感认同。

IP产品设计开发不仅是为了满足物质需求，更多的是为了营造文化氛围，倡导正确的价值观，形成一种社会共识。只有在这种环境下，才能产生真正有价值的IP产品，提升IP产品的竞争力，并引领未来的发展方向。

IP内容生产方式强调的是产业链的打通和联动效应的产生，这使得IP资源能进行多次开发和创作，实现跨领域的转换。成功的IP产品设计必须有感情、有故事，赋予产品生命力。成功的IP产品能真正代表文化特性。这样的IP产品才具有不可替代性，才具有意义和价值。因此，对IP产品设计的文化宣传需求，是消费者更深层次的需求。

成功的IP产品也能够形成独特的文化符号，IP产品以其丰富的内容和多样的表现形式，使得全球观众得以接触到不同国家和地区的文化，从而促进了文化交流与融合。通过地方文化和传统技艺来打造IP文化，开发IP产品，这些IP内容得到了有效的宣传和推广。这种方式不仅能提升地方的文化品牌，让更多的人了解和接触这些传统文化，从而起到保护和传承的作用，还能促进当地的经济发展。

然而IP产品设计的社会效应也并非全然积极。在追求市场效益的过程中，有时会过分迎合市场需求，导致内容浅薄甚至低俗，对社会风气造成负面影响。因此，平衡商业利益和社会责任，确保IP产品发挥积极的社会文化宣传效应，是当前应当正视的一个重要问题。IP产品设计作为文化创新的一种重要形式，对于推动文化宣传、带动文化发展具有重要的意义。

IP产品设计的流量价值

IP本身就是被流量堆积出来的，只有流量才能打造出成功的IP，所以IP产品天然就有着流量价值。在追随者心中，只要IP产品出现的地方，就一定会引起注意。这就是IP产品对追随者的天然吸引力。“流量经济”本身就是属于“注意力经济”的一种。正是由于这种注意力的吸引存在，让IP产品有了提供流量的可能。当产品与IP结合时，追随者对IP的注意力就会在一定程度上转移到产品上。

IP产品设计在互联网时代具有巨大的流量价值。当今时代，流量就意味着关注度和影响力。由于IP产品的背后通常有强大的追随者群体支持，因此一旦这些产品在网络平台上发布或者推广，就能够迅速获得大量的关注和点赞。这些关注和点赞又会进一步提升IP产品的影响力，从而吸引更多的人去关注和购买这些产品。近年来国内涌现出许多知名的IP产品，这些IP产品在网上受到了极大的关注，吸引了大量消费者。IP产品的背后通常都有完整的产业链，一旦IP产品在网络上走红，就能带动整个产业链的发展。

IP产品在互联网时代的流量价值是非常显著的，它既能够帮助企业获取大量的用户和流量，还能够提升企业品牌的知名度。由于IP产品在互联网时代的流量价值，未来IP产品将在市场上发挥更大的作用。

IP产品设计的品牌价值

对于追随者来说，IP是某种价值观和文化观的集合。有认同才会被消费者投以持续性的关注，并且给予情感依附。对于IP创意出的产品，在一定程度上也把IP背后的价值观和文化观赋能到产品上。这就会让追随者能够对产品的价值观和文化观进行深层次的了解。对于品牌来说，价值观和文化观是品牌存在生命力的两个特征。IP的品牌价值，就等于是为品牌激活价值观和文化观，并且让品牌具有了情感属性和文化属性。

泡泡玛特是一家以IP为核心的潮流文化娱乐公司，生产的盲盒IP产品对品牌塑造产生了深远的影响。盲盒IP产品对于泡泡玛特的品牌塑造价值主要体现在提升品牌形象的独特性、加强与消费者的情感连接，以及保持品牌活力等三个方面。

盲盒IP产品是泡泡玛特品牌的灵魂。泡泡玛特通过与全球众多知名艺术家和设计师合作，打造了一系列独特的IP形象，这些IP形象具有高度的识别度和吸引力，使得泡泡玛特的品牌形象鲜明而独特。

盲盒IP产品是泡泡玛特连接消费者的重要桥梁。泡泡玛特的IP产品不仅是玩具商品，更是一种情感寄托和文化符号。消费者通过购买和收藏泡泡玛特的IP产品，表达自我个性，满足社交需求，从而建立起对泡泡玛特品牌的深厚感情。

盲盒IP产品的持续创新是泡泡玛特保持品牌活力的关键。泡泡玛特不断推出新的IP形象和盲盒系列产品，通过丰富多样的盲盒IP产品线满足消费者的多元化需求，使得泡泡玛特的品牌始终保持新鲜感和吸引力。

IP产品设计的圈层价值

圈层价值是流量细分之后的产物。IP出现的数量越来越多，能看到的雷同IP也就越多，对于追随者来说，同一种类型的IP如果过多就容易产生审美疲劳。新生代的IP不再希望得到最广阔的追随者，而是希望得到一批精准的忠实追随者。因此，IP的追随者越来越细分。与此同时，在打造IP时也越来越切入精准的追随者群体。这些追随者群体往往有着许多共通的特性，这些特性就是这个群体的壁垒，也是IP圈层性形成的原因。

IP的圈层性成为Z世代IP追随者的典型特征。这些群体壁垒构成相对封闭的圈层，在圈层之中，大家都不会对圈外的内容感兴趣，但是对圈内的东西却十分上心。所以当产品被圈层内所认可的IP赋能时，IP产品就能实现消费的群体化增长。

互联网时代是一个信息爆炸的时代，人们通过网络来接触到更多种类的信息和产品。只有具备足够吸引力的产品才能脱颖而出，并获得更多的市场份额。而IP产品正具有高度吸引力，通过IP独特的圈层属性吸引潜在客户群的关注，从而获得商业成功。

当IP产品的追随者群体越来越大时，就能覆盖多个不同年龄、性别和地区的人群，从而实现真正的全球化。IP产品的圈层属性还体现在不同的用户群体之中，青少年和成年人有不同的喜好和消费习惯，但是同一个IP产品却能够同时吸引这两个年龄段的人群。美国迪士尼公司《冰雪奇缘》IP吸引了各年龄段女性观众，由此所开发的IP产品也被这些女性群体所喜爱。

IP产品的圈层属性还体现在不同的社交媒体平台上。流行的IP产品会在微博、微信公众号、抖音等社交平台上有大量忠实追随者，并且这些追随者也会相互分享和讨论IP产品的内容，形成了一个有机的社会圈子。

IP产品在互联网时代的圈层价值在于它能够在不同人群中传递和拓展自身的影响力。圈层属性让IP产品深入人心，并在市场竞争中取得优势。

IP赋能产品设计

IP在赋能产品设计方面具有深远的影响，从社会意义和经济价值两个角度展开讨论。在IP的社会意义方面，IP不仅是一种流行现象，也是一种文化传承与创新的载体。通过将特定的文化内容转化为易于被大众接受和喜爱的产品，IP有助于传播和弘扬历史文化，为现代社会提供了一种独特的表达方式和情感寄托。

追随者们围绕IP进行交流、创作，甚至组织各类线下活动，形成了丰富多样的亚文化现象。这种社区环境促进了人与人之间的互动，也推动了跨地域、跨文化的交流与理解。

成功的IP形象和故事拥有广泛的群众基础，通过获取IP授权，可开发相关的商品和服务。这类产品通常具有较高的附加值，能够为企业带来丰厚的利润。迪士尼就依靠其丰富的IP库开发出众多衍生产品，成为全球最大的娱乐公司。通过与知名IP合作，企业能在短时间内吸引消费者的注意力，增强品牌形象的识别度。借助IP的吸引力，企业还能更有效地推广新产品，降低营销成本。

IP的发展催生了C2B（customer-to-business）商业模式的崛起，在产品设计中也出现了许多的IP定制。消费者不再只是被动地接受产品，而是参与到产品设计和生产过程中。企业根据消费者的需求和反馈定制产品，提高销售转化率。众筹平台上的许多项目就是基于热门IP的定制产品。

随着IP产品市场的成熟，越来越多的企业开始关注IP产品产业链的构建。包括IP孵化、制作、分发、授权、衍生产品开发等多个环节。通过整合资源，企业能最大限度地挖掘IP价值，实现经济效益的最大化。IP的发展也推动了文化产业的繁荣。当下多个行业都在积极探索如何利用IP来创造更具吸引力的产品。

IP在赋能产品设计时，既承担着文化传播与教育的社会责任，又发挥着促进经济增长的重要作用。利用IP赋能产品设计，可开发出一系列衍生产品，形成完整的产品生态链。这种模式有利于企业的长期发展，企业也能根据市场需求灵活调整产品组合，保持业务稳健增长。

IP与产品设计融合的意义

将IP融入产品设计中，能帮助产品获得独特的品牌形象和市场定位。通过使用IP内容，吸引特定的追随者群体，增强产品的吸引力。IP往往伴随着丰富的故事情节和情感内涵，这些内容能为产品设计提供无限灵感。通过挖掘IP背后的故事线索，创造出能够触动消费者情感的产品设计。这样的产品不仅能满足消费者的物质需求，还能满足情感需求，从而提升产品的价值感知。

IP的影响力往往超越了单一领域，IP产品设计能为企业打开合作之门。与不同领域的合作伙伴共享IP资源，能实现跨界的创新设计，推出更多元化的产品线，拓宽市场覆盖面。

在互联网时代，社交媒体已经成为人们获取信息和分享体验的重要平台。具有IP文化属性的产品更容易引发消费者的讨论和分享，从而形成更为广泛的传播效应，不仅提高品牌的知名度，也促使消费者主动推荐产品，形成良好的口碑效应。

当市场竞争日趋激烈时，品牌升级成为企业保持竞争优势的关键。IP内容能作为一种战略工具，帮助企业在产品设计上实现差异化，树立独特的品牌形象。通过持续的IP内容输出和更新，企业能在动态变化的市场环境中不断刷新消费者对品牌的认知，保持品牌活力。

随着消费者购买力的提升，消费者对商品的需求已从单纯的实用性转向追求个性化和品质感。IP产品正好符合这一趋势，能让消费者在购买过程中感受到更多的附加价值。这种由IP文化带来的消费升级，也会影响消费者的购买决策，推动他们选择更具内涵的产品。

优秀的IP产品设计不仅体现在视觉上的呈现，更能带给消费者全方位的感官享受。对IP的深度挖掘和巧妙运用可以打造出富有情境感和互动性的产品，让消费者在使用产品的过程中产生身临其境的感受，从而提升满意度。

IP在产品设计中的应用意义体现在多个层面，包括赋予产品独特性、提供情感连接、构建跨界合作机会、促进社交媒体传播、助力品牌升级、推动全渠道营销、引领消费升级、创造沉浸式体验、打造可持续发展模式以及促进文化产业的繁荣。

IP产品与玩具行业

玩具行业是极具创新性的行业，玩具产品设计和开发需要大量的灵感和创新思维。近年来，随着“泛IP”的不断影响，玩具行业也开始尝试将IP融入玩具设计中，以满足消费者对玩具的文化性、个性化、特色化的需求。

玩具行业的核心竞争力就是创新。无论是玩具设计、玩具功能还是玩具材料应用，都需要不断创新才能吸引消费者的注意力。将IP与玩具相结合不仅对游戏爱好者具有情感吸引，也能够带动IP的宣传。

《哆啦A梦》是一款非常受欢迎的动漫IP，它以可爱的形象和富有想象力的故事吸引了大量的追随者。玩具企业利用《哆啦A梦》IP设计出了各种各样的玩具产品，如毛绒玩偶、拼图、手办、模型等，受到市场的欢迎。《小猪佩奇》也是一部深受儿童喜欢的动画片，是优秀的儿童主题IP，并被广泛应用于玩具中。以“小猪佩奇”的形象制作的各种玩具，如滑梯、摇摇车等，能让孩子们在玩耍的同时感受到动画片的情境。

随着IP价值的日益凸显，越来越多的玩具公司和IP持有者合作，推出具有IP主题的玩具。消费者对于IP内容的认知和热爱及对个性化和特色化的追求，使得未来会出现更多的IP主题玩具。

IP产品与食品行业

IP与食品行业的结合也是IP产品发展的一个重要的方向。越来越多的食品企业开始将IP运用到食品设计中。IP食品不仅具有文化融合的优势，而且在市场上也呈现出快速发展的趋势。

IP食品是以IP为文化主题内容而开发的食品。IP食品设计通常都独具匠心，满足消费者对食品的文化消费需求。这种独特性体现在食品的口感、颜色、形状等方面，也能体现在设计的创新性上。IP食品通常都具有相应的文化传达，使食品能够在市场上拥有竞争优势。消费者通过购买IP食品，不仅可以享受到美味的食物，还能体验到IP的魅力和文化内涵。IP食品能通过创新的设计，满足消费者对于IP食品的新鲜感需求。IP食品不仅是食品，更是一种文化产品，承载了IP背后的文化价值和情感内涵。

IP食品包装则是在IP食品的基础上，进一步深化IP内容和特色的一种手段。通过独特的设计和色彩搭配，IP食品包装能够在第一时间抓住消费者的眼球。IP食品包装上的图案和文字都是与IP内容紧密相连的元素，能够有效地增强消费者的认知度。IP食品包装不仅能保存食品，还能激发消费者的购买欲望，提高食品销售量。

IP食品在当下的食品行业中应用越来越广泛。M&M's巧克力豆是非常受欢迎的零食。M&M's巧克力豆的包装色彩鲜艳，图案可爱，深受年轻人的喜爱。此外，M&M's还经常推出各种限量版的包装设计，吸引了大量的追随者。小猪佩奇饼干是基于全球知名的动画IP形象小猪佩奇而开发，包装上印有可爱的小猪佩奇图案，非常符合儿童的喜好。由于小猪佩奇在全球范围内都有很高的知名度，这款饼干在市场上也取得了很好的销售业绩。

2014年5月18日，为了迎合国际博物馆日“藏品架起沟通桥梁”的主题，苏州博物馆推出名为“国宝味道——秘色瓷莲花碗曲奇”的IP食品，“秘色瓷莲花碗曲奇”成为国内首个利用馆藏文物造型元素来开发的博物馆IP食品，也是我国产生的第一款博物馆IP食品。

IP食品不仅造型上借用IP的形态，在色彩和质感上也体现IP的特征。将食品造型、色彩、质感三者相结合开发的IP食品，达到了形神兼备的艺术效果。如中国国家博物馆“说唱俑文物雪糕”用巧克力模拟出泥塑的效果；首都博物馆“伯矩鬲雪糕”用抹茶仿制出青铜器的效果；河南博物院“玉佩棒棒糖”更是采用糖色还原出玉佩效果。

IP食品是充满活力和发展潜力的领域。IP食品和IP食品包装凭借其独特的优势，在食品行业中占据了重要的地位。随着消费者对食品品质和审美的要求越来越高，消费者对食品的需求越来越多元化，IP食品的市场需求也在不断增长，IP食品的发展空间将越来越大。

IP产品与服装行业

近年来，IP文化在服装行业的应用已经成为一种潮流和趋势，这不仅源于消费者对服装设计的独特追求，也源自各服装品牌对未来市场的期望，通过IP合作来吸引不同群体的服装消费者。

全球服装行业是一个高度竞争的领域。消费者对于新款式的需求持续上升，推动了“快速时尚”模式的发展，企业要迅速设计并推出新产品以满足市场需求。同时，消费者越来越倾向于追求个性化和定制化的服装产品，这也为IP与服装设计的融入提供了空间。

IP通常具有鲜明的个性和故事背景，能够激发消费者的共鸣和情感连接，从而提升服装的品牌形象和认知度。通过与IP的合作，服装品牌能打造独特的设计元素，使服装在众多同类竞品中脱颖而出。IP形象往往具有较高的知名度和追随者基础，IP元素与服装结合设计，不仅能提高服装的吸引力，还能为其带来更高的附加值。IP形象还具有鲜明的识别度，将其融入服装设计中能使服装更具视觉冲击力。IP特定的故事或情感价值被植入到服装设计中时，能引起消费者的共鸣，增强消费者对品牌的认同感。

随着年轻一代消费者的崛起，他们更加注重个性表达，喜欢独特且带有故事性的事物，而IP服装恰好满足了这种需求。服装行业的更新换代速度非常快，需要不断创新以保持竞争力。IP能为服装提供新的创意源泉，帮助品牌实现差异化竞争。

根据2022年文化IP产业市场分析报告，娱乐类IP、艺术文化IP、潮流IP是主要的服装授权IP类型，服装行业也成为IP的主要流向之一。预计在未来几年内，IP在服装行业的授权市场将持续增长。随着IP资源的丰富及服装企业对“泛IP”的不断了解和认知，服装品牌选择的合作对象不再局限于传统的娱乐IP，而是扩展到了艺术、文化、历史等IP领域，为服装设计提供更多灵感来源。除直接购买IP授权外，一些服装品牌也开始尝试与IP持有方共同开发，这样既能确保服装设计的独特性，又能更为深入地挖掘IP的价值。

IP产品与快消品行业

随着互联网的发展，消费者对快消品品质和品牌文化的关注度日益提升，在这种背景下消费者对快消品的追求不再局限于功能和品质，而是看中快消品背后的文化价值。IP内容在快消品行业的应用越来越广泛。

IP快消品通常以IP的角色或元素作为品牌形象，形成独特的视觉识别系统，使快消品在众多竞品中脱颖而出。快消品将IP的故事和情感融入，使快消品不仅是商品，而成为有情感、有故事的存在。由于IP本身具有的认知度和追随者基础，IP快消品往往能够引发消费者的强烈情感共鸣。

在快消品激烈的市场竞争环境下，与IP内容的结合，使快消品建立起与竞争产品的差异化，借助IP的影响力提升快消品的品牌形象。IP文化内容通常富含丰富的元素，能为快消品的设计提供新的灵感和思路，使产品更具创新性，扩大快消品的受众范围，从而提高市场份额。IP文化内容往往具有广泛的传播力，在传统销售渠道之外，为快消品开辟新的营销渠道。

IP快消品不仅有实物商品的价值，还包含了丰富的文化内涵，能增强产品的附加价值。IP快消品往往具有独特的设计和包装，这些设计和包装源于IP的独特形象和故事，使产品更具吸引力。IP快消品背后往往有丰富的故事情节，这使得消费者在购买和使用产品时，能够获得更深层次的情感体验。IP快消品还具有较强的社交属性，消费者能通过分享和展示自己购买的IP快消品来表达自我，增强社交互动。快消品的迭代升级频率相比其他传统产品要高很多，这也使得IP与快消品的结合有了多样化的表现形式和快速的反应效果。

IP市场的不断成熟和发展，使得IP文化在快消品行业的应用更加广泛和深入。未来快消品企业可能会采取更多样化的IP合作形式，如联名版、限量版等。快消品企业在选择IP时，也会更加注重IP的特征和IP所对应的追随者人群。快消品企业在进行IP营销时，也会更加注重细分市场和目标消费者，制定出更为精细的营销策略。

近年来，越来越多的快消品企业开始尝试与IP合作。据统计，仅在中国市场，就有超过70%的快消品企业与IP合作。随着消费者对文化消费的需求增加，对个性化、差异化产品的需求增加，IP快消品的市场空间将进一步扩大。

预计未来快消品行业与IP文化内容的结合将更加紧密。未来的快消品行业会在化妆品、个人护理用品等领域与IP进行更广泛的合作。未来的IP快消品会更加注重产品的定制化，从产品设计、包装到销售方式等各个方面都将充分融入IP内容。

IP产品与装饰用品行业

IP产品的影响力已经渗透到各行各业，IP产品与装饰用品行业的结合成为了一种新的消费趋势和市场热点。装饰用品行业作为生活美学的重要载体，涵盖了珠宝首饰、家居装饰、个人配饰等多个细分领域，具有广泛的市场需求。IP产品通过独特的形象设计、故事内涵及品牌影响力，为装饰用品行业带来新的生机。IP元素与装饰用品行业相结合，不仅能赋予装饰用品更深层次的文化价值，也使得IP产品的生命力得到延伸。

从装饰用品行业的角度来看，传统的装饰用品大多以设计美感、材质独特性或者工艺技术为核心竞争力。随着消费者审美需求的多元化和个性化，单一的设计元素已难以满足市场需求。将IP元素融入装饰用品设计中，凭借IP自身的故事情节、角色形象或主题色彩等特性，为装饰品注入全新的设计理念和表现手法，创造出既具有艺术观赏性，又富含文化内涵的产品。

IP与装饰用品的跨界结合也正好迎合了当下年轻一代追求个性化、差异化消费的需求。如今的年轻人更加注重自我表达，对承载着丰富文化内涵和情感连接的IP装饰品有着更高的接受度和购买意愿。年轻人通过收藏或展示这些具有特殊意义的装饰品来彰显自我个性，分享情感体验，构建个人身份认同。

IP形象通常具有较高的辨识度和广泛的认可度，将其融入装饰用品的设计中，能够极大地提升产品的吸引力和附加值。将热门动漫、电影或游戏中的IP元素巧妙地设计在家居饰品、壁纸、窗帘、灯具等各类装饰用品上，能满足消费者对个性化、情感化装饰的需求，使得装饰空间更具独特风格与情感温度。

通过与装饰用品企业的深度合作，IP形象可以用于装饰用品的设计与生产，实现IP的价值变现，进一步拓宽IP的影响力和受众覆盖范围。对于装饰用品企业来说，引入知名IP也能有效提升自身品牌的知名度和影响力，吸引更多的目标消费者，从而实现商业上的双赢。

IP借助装饰用品的形式拓展商业版图，而装饰用品行业则通过引入IP元素，赋予产品更多的文化内涵和情感价值，共同推动着文化产业与消费品市场的深度融合与创新升级。

IP产品与生活用品行业

随着消费的升级和消费群体的年轻化，IP产品在生活用品行业中的应用越来越广泛。IP产品能够赋予传统日用品新的文化内涵和故事背景，使其从单一的功能性产品升级为富有情感和体验感的商品，有效提升产品的附加值。知名品牌IP拥有庞大的追随者基础，能将生活日用品快速打入目标市场，拓宽销售渠道，提高品牌知名度和市场份额。在强调个性化消费的时代，IP产品以其独特的情感连接和个性表达，精准匹配各类消费群体的需求，推动了生活日用品行业的细分和差异化发展。

许多生活用品与IP版权所有者合作，推出了一系列联名产品，如印有卡通形象的床上四件套、抱枕、毛巾、水杯等。这类产品不仅具有实用性，还承载了IP的情感价值，使日常生活充满趣味。小型生活用品结合IP元素更是常见，如手机壳、耳机、充电宝等电子产品，与热门IP合作，将产品功能与个性展示完美融合，满足年轻消费者对于彰显自我、追求时尚的需求。

IP产品与运动及户外用品行业

在“泛IP”语境下的“文化消费”时代，IP产品的影响力已经渗透到各行各业，运动及户外用品行业也不例外。在运动及户外用品领域，IP产品主要表现为与知名体育IP、影视IP、动漫IP、游戏IP等联名的各类装备和服饰。如耐克（NIKE）与NBA球队合作的系列球鞋，阿迪达斯（adidas）与《星球大战》联合推出的运动服装，北面（The North Face）与各大时尚设计师、艺术家联名的户外装备等，都是运动及户外用品行业IP产品的成功案例。

IP产品在运动及户外用品行业中主要体现在品牌打造上。通过深入人心的品牌故事和独特的设计理念，建立起强大的品牌识别度。许多品牌还会与IP进行跨界合作，如阿迪达斯曾与迪士尼和漫威等IP推出联名款运动鞋服。将电影IP、动漫IP的元素融入运动及户外用品中，也能极大地丰富产品的文化内涵。通过与IP合作，运动及户外品牌迅速吸引消费者的目光，拓宽市场份额。IP产品与运动及户外用品行业的结合，也能借助IP本身的追随者基础，快速构建并扩大自身的消费群体。纽巴伦（New Balance）与《高达》的合作款跑鞋，就凭借《高达》这一深入人心的动漫形象，成功吸引了大量动漫爱好者和年轻消费者的关注。

IP产品在运动及户外用品行业中的表现形式多样。根据IP的独特性开发出具有创新性和实用性的产品。以动漫角色为主题的儿童户外运动装备，或以电影场景为灵感的露营帐篷、户外炊具等，这些产品不仅满足了消费者的实际使用需求，更满足了消费者情感需求，让消费者在使用过程中获得额外的乐趣。

随着消费者个性化需求的增长，他们对运动及户外用品的需求已不再局限于功能性和耐用性，更追求产品背后的文化内涵和独特风格。IP产品恰好能满足这一需求，将流行文化元素融入运动装备的设计之中，使其既具备实用性，又富有个性和时尚感。

IP产品的开发并非简单的“贴牌”行为，而是需要深度挖掘IP的核心价值，并将其巧妙地融入产品设计之中，才能真正打动消费者。这就要求运动及户外用品在产品研发过程中，既要尊重和理解IP的文化内涵，也要充分发挥自身在运动及户外领域的专业优势，以创新的设计来诠释IP，实现双方品牌的共赢。

随着消费者个性化、差异化需求的增长，IP产品在运动及户外用品市场的潜力愈发凸显。通过定制化、限量版的产品吸引消费者，提升品牌附加值，从而在激烈的市场竞争中脱颖而出。IP产品在运动及户外用品行业中扮演着举足轻重的角色，既是品牌文化的载体，也是产品创新的设计源泉，更是企业竞争的战略武器，不仅推动了行业的创新发展，也极大地提升了消费者的购物体验和生活品质。

IP产品与礼品行业

IP产品在礼品行业的发展是近年来全球范围内发展迅速、深受消费者喜爱的领域，它们的交叉融合更催生出一种全新的商业模式和消费形态。

随着消费升级以及个性化需求的日益凸显，IP产品逐渐成为礼品市场的热门选择。传统的礼品市场多以实用性为主导，但现代消费者更加注重礼品的情感表达和个性彰显，IP产品恰好满足了这一需求变化。IP礼品不仅具有丰富的文化内涵，还能够借助IP自身的影响力和辨识度，使得礼品本身具有超越物质层面的价值，拥有更深层次的文化和情感含义。IP礼品的定制化空间广阔，可以根据不同的节日、活动主题及收礼者的兴趣爱好进行灵活设计，从而实现礼品的独特性和专属感。

在实际操作中，很多企业开始将知名IP与礼品相结合，推出各类IP联名礼品，这既是对品牌形象的有效提升，也是对市场份额的有力拓展。这种模式的成功运作，无疑为礼品行业的发展注入了新的活力，也进一步推动了IP产业的商业化进程。

IP产品与礼品行业的结合，是在当前市场需求多元化、个性化趋势下的必然产物，它充分利用了IP的品牌效应和情感吸引力，提升了礼品的文化附加值，同时也为相关企业提供了创新发展的新路径。随着我国文化创意产业的繁荣发展，IP产品在礼品行业的应用将会更加广泛且深入，形成更为丰富多元的产品体系，满足不同层次、不同喜好的消费需求。

IP产品与旅游行业

IP产品与旅游行业的深度融合已经成为现代旅游业发展的重要驱动力和创新点。旅游景区的IP产品又叫作景区IP纪念品，是指以旅游景区的文化IP为内核，通过创意设计手段转化为具有实用功能、艺术欣赏价值及商业价值的产品，它涵盖了景区IP文化衍生产品、地域特色产品、旅游纪念品等多种形式。

在旅游目的地营销推广中，IP产品起到了塑造品牌形象、传播地方文化的重要作用。各地旅游景区等通过对本地历史、民俗、艺术资源进行深度挖掘和创意转化，开发出一系列具有鲜明地方特色的IP产品，既展现了旅游景区传统文化的魅力，又满足了游客对于纪念品的独特性和个性化需求，从而提升了旅游目的地的文化附加值和市场竞争力。

IP产品也能够丰富旅游消费体验，增强游客的参与度和沉浸感。在旅游过程中，IP产品不仅作为纪念品供游客购买，更成为连接游客与旅游地情感互动的载体。景区内的手工体验活动，让游客亲手制作纪念品，既能深入了解当地文化，又能获得独一无二的旅行记忆。一些景区还推出定制IP产品的服务，根据游客的需求提供个性化的景区IP产品设计与生产，使旅游消费更具人性化和个性化。

IP产品对旅游经济的拉动作用也不容忽视。IP产品的销售直接增加了旅游目的地的经济效益。IP产品独特的吸引力还能够刺激游客的消费，带动相关产业链条的发展，形成良好的经济循环效应。

IP产品与旅游行业的融合是现代旅游业高质量发展的必然选择，它既有利于传承与发扬优秀文化，也能够有效提升旅游体验品质，拓展旅游消费市场，有力推动旅游业从单一的观光型向体验型、文化型转变，实现经济效益和社会效益的双重提升。随着文化和旅游部合署办公，以及“文化+旅游”发展模式的深入推进，未来IP产品在旅游行业中的应用将更加广泛而深入。

IP产品与文博行业

IP产品与文博行业的深度融合，是当前文化产业创新发展的一大亮点。文博行业，即以博物馆、纪念馆等为主体的文化遗产保护和利用领域，拥有丰富而深厚的历史文化底蕴。博物馆IP产品又称博物馆文创，是将这些博物馆、纪念馆的文化资源通过创意设计转化为具有实用价值、审美价值及市场价值的产品。

在提升文博单位品牌形象与社会影响力方面，IP产品扮演了重要角色。博物馆、纪念馆等通过对馆藏文物、博物馆文化内容等进行深入研究和解读，结合现代设计理念与技术手段，开发出了兼具艺术性、教育性和趣味性的IP产品，如故宫博物院的“朕知道了”胶带、陕西历史博物馆的“兵马俑”造型U盘等，这些博物馆IP产品的流行不仅扩大了文博单位的社会知名度，更让静态的文物活了起来，使得传统文化走进大众生活，进一步增强了公众对文化遗产的认知度和亲近感。

IP产品与文博行业的结合还能有效推动文博资源的活化利用与传承传播。博物馆IP产品不仅是对文物信息的艺术再现，更是对文物内涵的深度挖掘与创新表达。它以更加生动活泼的形式传递历史信息和文化精神，使厚重的历史知识得以轻松普及，从而达到更好的文化传播效果。博物馆IP产品的销售收入也为文博单位提供了经济来源，为文物保护和研究工作提供了资金支持。

博物馆IP产品促进了文旅融合和消费升级。在当今体验经济时代，游客不再满足于简单的观光游览，而是追求更深层次的文化体验。文博单位通过开发各种类型的IP产品，举办丰富多彩的文化活动，吸引大量游客参与互动，极大地丰富了旅游业态，提升了文化旅游的品质与吸引力。

IP产品与文博行业的结合，实现了历史文化资源与现代消费需求的有效对接，既满足了人民群众日益增长的精神文化需求，也推动了文化产业和旅游业的创新发展，对于我国文化产业转型升级以及优秀传统文化的传承弘扬都起到了积极作用。随着社会公众对文化消费的需求不断提升，IP产品在文博行业的应用和发展前景将更加广阔。

IP产品与教育培训行业

IP产品与教育培训行业的结合，是近年来文化产业创新和教育现代化进程中的重要探索。IP产品以其独特的文化内涵、创意设计及寓教于乐的特性，在教育培训领域展现出了广阔的应用空间和深远的影响。

在教学资源开发方面，IP产品为教育培训行业提供了丰富的素材和工具。历史类IP产品能作为历史课程的教学辅助材料，让学生在接触实物或接近实物的教学环境中直观感受历史文化的魅力，增强对知识的理解和记忆。科学类IP产品则能有效激发学生对于科学原理的兴趣和探究欲望，提高动手实践能力。

IP产品还能作为艺术教育的有效载体。各种手工艺品制作过程本身就是一种艺术创作的学习过程，通过参与IP产品的制作，学生们能够在实践中提升审美素养，培养创新思维和工匠精神。各地非物质文化遗产相关的IP产品也能让孩子们在制作和使用中深入了解传统文化，传承民族优秀技艺。

IP产品在素质教育、特色课程构建等方面也发挥了积极作用。许多学校和培训机构开始引入IP元素，开设包括创意手工、非遗体验、文化创意产业认知等在内的特色课程，通过这些课程，学生不仅能够学习到IP产品的设计理念和生产流程，还能培养市场洞察力、团队协作能力和项目管理能力，实现知识技能与综合素质的双重提升。

IP产品还能作为一种新型的教育成果展示和评价方式。学生的创意作品通过转化为实体IP产品的方式进行展示，这既是对学生创新成果的认可，也是对其创造性和实践能力的鼓励，有助于形成良好的校园文化和创新氛围。

IP产品与教育培训行业的深度融合，为教育教学活动注入了新的活力，丰富了教学手段和内容，促进了教育资源的多样化，提升了教学质量与效果。随着社会对创新型人才培养需求的不断增长，IP产品将在教育培训领域发挥更加重要的作用，助力我国教育事业的持续发展和创新升级。

IP产品与包装行业

IP产品与包装行业的结合，是现代文化产业创新和消费升级趋势下的一种重要表现形式。随着消费者对商品品质及文化内涵需求的提升，IP在包装领域的应用日益广泛，不仅推动了包装行业的升级转型，也极大地丰富了包装对产品赋予的附加值。

IP赋予了包装行业新的设计理念与艺术表达。设计师将丰富的历史文化元素、地域特色、时尚潮流等融入包装设计中，创造出富含故事性、趣味性、文化性、创意性的产品包装，也被称为IP文创包装。如通过传统工艺美术、民间传说、历史符号等文创元素进行再创作，使得原本普通的包装变得独特而富有文化底蕴，大大提升了商品的整体形象和市场竞争力。

IP文创包装在提升品牌形象和传播企业文化方面发挥着重要作用。许多品牌采用具有高知名度的IP包装来塑造和强化自身品牌形象，这种包装不仅能够吸引消费者的注意力，还能借助其蕴含的文化信息传达品牌的内涵和价值观，从而有效提高品牌价值。

IP文创包装产品本身亦可视为一种独立的IP产品。一些高端礼品、纪念品以及限量版商品，其包装本身就是一件艺术品或收藏品，体现了匠心独运的设计理念和精湛的制作工艺。这类包装不仅可以满足消费者对于个性化、差异化的需求，还可在消费体验上实现从物质层面到精神层面的价值升华。

IP产品与包装行业的深度融合催生了无数充满创意与美感的包

装设计方案，让包装不再仅限于保护商品、方便运输的基本功能，而是成为了承载文化、传播美学、凸显个性、倡导环保的重要载体。这一跨界融合的趋势有力地推动了包装行业的创新发展，同时也为消费者提供了更加多元化的购物体验和审美享受。

第五章
“泛IP”语境下IP产品设计特征

产品的设计不仅要满足消费者的物质需求，还要满足消费者的心理需求和精神需求。IP产品不仅具有普通商品的属性，还具有区别于一般商品的IP特征。这些特征成为IP产品设计中需要注意的重要问题。好的IP产品设计一定是具备了这些设计特征的优势。因此，逐一对这些特征展开介绍，就具有了格外的意义。

IP产品设计特征是在IP产品设计过程中，对满足“泛IP”语境下IP产品所要达到的设计目标的归纳与总结。本章通过对IP产品设计特征（包括主题性特征、文化性特征、传达性特征、纪念性特征、时代性特征、话题性特征、时效性特征、营销性特征等）的研究，更为全面地展示IP产品的内涵。也希望能够通过对IP产品属性特征的分析，进一步展现IP产品与功能性产品的差异。

IP产品的主题性特征

IP产品是将IP主题与产品相结合设计的创新产品。IP主题是基于IP的内容，是IP产品的核心灵魂，“泛IP”语境下的IP主题，是一个被泛化后的IP概念。IP主题源于IP内容，而IP内容既可以是一个故事角色、一部影视作品、一首歌曲，也可以是一个品牌标志、一种设计理念等。IP主题在产品中的体现，旨在通过产品这一载体将IP的内涵和价值生动展现出来，从而吸引并满足消费者的审美、情感及精神需求。

从设计角度来说，产品是对IP主题内容的具象化表现，需要深入挖掘IP主题的核心元素，并将其巧妙地融入产品设计之中，使消费者在使用产品时，能够直观感受到IP的独特魅力。从功能层面看，产品也是IP主题内容的互动展示平台。好的IP产品不仅能展现IP的内容，还能提供给用户独特的体验感，让用户在使用过程中产生更深层次的情感连接。IP主题与产品的结合还体现在市场推广和品牌建设上。IP产品往往能依托IP已有的追随者基础和市场影响力，快速打开知名度，实现商业价值的最大化。优质的产品也能反哺IP，通过良好的用户体验和口碑传播，进一步提升IP的品牌形象和市场地位。

IP主题与产品之间的关系是一种相互成就、共同发展的共生关系。产品以其形式多样、功能丰富的方式生动诠释和传递IP主题的内容和价值观。IP主题则以其深厚的文化底蕴和广泛的受众基础赋予产品独特性、差异性的情感吸引力，从而极大地提升了产品的市场竞争力和商业价值。在这个过程中，IP主题与产品实现了从内容创意到实物形态的完美转换，也为消费者带来了丰富的感官体验和情感满足。

IP产品的文化性特征

日本著名设计大师原研哉说过：“设计最重要的不是形状、颜色，而是人的感觉。”日本产品设计大师喜多俊之也说过：“好的设计是有灵魂的。有灵魂的设计，使用者才会珍惜使用。”两位设计大师说的“感觉”和“灵魂”就是IP产品所蕴含的文化价值。因此，要设计一款好的IP产品，必须注重产品的文化内涵。鲜明的文化特色是IP产品吸引消费者的重要因素。

“文化”本身就是一个外延和内涵比较宽泛的概念，大多数时候对“文化”的定义被认为是“知识体系”或是对“文明”的表达，也有“传说”和“习俗”的含义。但是在IP产品“文化性”特征中，更多体现的是对“IP内涵”的展示。

在IP产品设计中凸显“文化”的影响力，是设计过程中值得重视的问题。是指围绕IP内容衍生出来的“文化现象”，包括IP创作者的思想、世界观和价值观等，也包含了追随者们对于这个IP内容的情感寄托。

当IP产品在设计中注入“文化”，就能够与消费者的生活发生关联，增强产品的文化价值和社会影响力。“文化”是一种强大的象征，能通过强化IP的辨识度，提升IP的形象和地位，从而提升IP产品的销量。消费者喜欢具有情感依附性的产品，IP恰好提供了这种纽带，使得消费者更容易链接产品。

通过对“IP文化”的深度挖掘，找出“文化内容”在产品中的核心价值，并把它作为设计的主题。在产品设计中加入IP文化内容，让IP产品充满文化性，合理利用IP作为设计素材，让IP产品与文化内容融为一体。

在任何商品生产中，社会需求决定了要设计和生产的产品种类。在“文化消费”形势下，社会对产品文化性的需要具有多样性和发展性，把握这些需求，就要把产品和文化有机地结合，并凝结于物质形态的产品之中。

IP产品的传达性特征

IP产品是将IP主题与产品相结合，以产品为载体进行IP内容传达。IP产品的传达性特征是其在传播和扩展过程中体现的独特性质。

IP产品的核心价值在于其承载的信息和创新思想。由于数字化和网络化的快速发展，IP产品具有极强的传播力和广泛的覆盖范围。这种广泛性和高效性的信息传递特性，使得IP产品的价值能够在短时间内得到最大化实现。

IP产品往往蕴含深厚的文化内涵和强烈的情感色彩，具备高度的情感传达性。电影中的人物塑造、故事情节，动漫中的世界观设定、角色性格，都能引发观众或用户的共鸣，形成情感连接，进一步强化了IP产品的吸引力，使用户愿意主动分享和传播，从而推动IP产品在社会层面形成广泛的文化认同。

IP产品通常通过独特的故事线、视觉元素、角色设定等方式构建自身的品牌形象，并逐渐发展成为一种文化符号，如米老鼠代表迪士尼、熊本熊象征日本熊本县等。这种品牌化和符号化的传达特性使得IP产品超越了其本身的功能属性，成为具有强大识别度和记忆点的文化标识，从而在市场推广、品牌建设等方面发挥重要作用。

IP产品的传达性还体现在其强大的延展性和衍生开发能力上。IP能跨媒体、跨行业进行多元化开发，从文学IP延伸至电影IP、电视剧IP、游戏IP、动漫IP等产业，再到各类周边商品、主题公园、线下活动等实体产业，形成完整的产业链条。这种“一源多用”的方式极大地提升了IP产品的商业价值和社会影响力。

随着社交媒体时代的到来，IP产品的传达性也体现在用户与IP内容之间的互动性和参与性上。用户不仅能以接收者的身份消费IP内容，还能通过评论、弹幕、二次创作等形式参与到IP产品的生产与传播过程中，为IP注入新的活力和创意，形成独特的社区文化氛围，进一步增强IP的生命力和持久性。

IP产品的传达性特征构建了IP产品的核心竞争力，使其在当今知识经济时代展现出巨大的市场潜力和文化价值。

IP产品的纪念性特征

IP产品的纪念性是指产品能够引起消费者对体验过程的回忆。消费者将体验过程中的所见所闻深刻地印在自己的脑海中，并在体验结束后对它进行回忆和感悟。从消费者内心的角度来说，对体验过程的回忆和感悟就是纪念性的价值所在。

IP产品作为一种实物成为纪念性价值的最好载体，能让消费者在体验过后还能引发对回忆的联想。具有特定情境特征的IP产品在设计时如果不具有纪念性的特征，就会让IP产品失去承载消费者精神寄托的作用，消费者就会对IP产品失去兴趣。

IP产品的纪念性来源于商品本身的IP内容和IP情感两个方面，IP产品是承载特定目标和特殊意义的商品，在设计时要从消费者的需求出发。人是感情动物，产品能成为消费者的永恒回忆，需要让回忆物化，甚至用经常能够使用到或感知到的物件来替代，纪念性产品便充当了这个美好回忆的载体。纪念品作为能够令人产生回忆的产品，将会使消费者产生远远高于“到此一游”的心理效果。对它的对视与触摸，更能产生身临其境的情感效果。

IP产品能作为礼品赠送给亲朋好友，对接受礼品者也具有纪念意义。因此，IP产品的纪念性还体现在它浓缩地域性民俗风情，是能够表现出文化、艺术和民族特色的载体。IP产品的地域性特色越浓厚、艺术价值越高，对消费者的纪念性就越强。

纪念性是对某个事件的记录，是特别的时间或人物的记忆。独特的外观不仅能吸引注意力，也能成为引发纪念性的元素，它让IP产品成为更好的礼物或收藏品。IP产品的纪念性特性应包含特殊的象征意义，让人们在看到它时会联想到某种特定的情况、事件或感情。IP产品的纪念性特性还应该体现在它具有独一无二的特点，使得它能区别于其他类似产品，从而让人们更加珍惜。限量发行的IP产品会增强其纪念性特点，因为具有稀缺性，所以显得更加珍贵，让拥有者感到与众不同。

IP产品的时代性特征

IP产品的时代性特征是指随着科技发展、社会变迁及消费者需求的变化，IP产品在形式、内容、运营模式等方面呈现出与时俱进的特点。IP产品的时代性特征可以从创作内容的时代性、传播方式的时代性、商业模式的时代性、用户参与的时代性四个主要方面进行详细阐述。

IP产品的核心是创新和原创的内容，而这些内容往往植根于特定的历史文化背景和社会环境之中，具有鲜明的时代烙印。在互联网高速发展的今天，许多IP产品因网络的宣传而崛起，反映了当代社会的热点话题与价值观。IP产品应注重对多元化、个性化、包容性的表达，以满足不同群体的“文化消费”需求。

IP产品的商业模式也在不断创新和发展，展现出强烈的时代性。过去，IP产品的商业价值主要依靠单一的产品销售或版权交易实现，而现在则形成了包括IP孵化、衍生产品开发、品牌授权、线上线下联动等多种商业模式。尤其值得注意的是，在“泛IP”概念的提出和实践下，IP跨界融合成为可能，同一IP能在文学、影视、游戏、动漫、音乐、戏剧等多个领域，实现多元开发和价值最大化。

IP产品的时代性特征充分反映出科技创新和社会进步对文化产业的深远影响。未来IP产品将继续顺应时代潮流，展现更多元、更智能、更开放的新特征，推动全球文化产业持续向前发展。

IP产品的话题性特征

“话题性”是指某个事物、事件或人物在一定时期内，由于其具有独特性、争议性、新颖性等，与公众利益和社会热点密切相关，从而引发广泛关注和讨论，成为大众舆论的焦点和热议对象的特性。在媒体传播、市场营销等领域中，制造或利用话题是吸引公众注意力、提升传播效果的重要手段。

"话题性"能快速提升IP产品的知名度。当一个IP产品能够成为社会热议的话题时，其曝光率会大大增加，从而让更多的人知道并了解这个产品。这对于新IP产品上市或者新品发布会等关键时期尤其重要，能够迅速扩大产品的影响力，吸引更多的消费者注意。

IP产品的话题性主要体现在原创内容的独特性与吸引力、强大的追随者基础与情感共鸣、跨界合作与衍生开发、社会热点与价值导向、用户共创与互动体验五个方面。

IP产品依赖原创故事、设计或概念的独特性，通过新颖而引人入胜的内容迅速吸引公众注意，并引发讨论和分享，形成自发性的口碑传播。IP通常拥有忠实的追随者群体，这些追随者会对IP产生强烈的情感依恋，会围绕IP进行深入探讨，形成丰富的二次创作和社区文化，进一步增强IP的话题热度。IP通过与其他品牌、行业或者流行文化的跨界联动，能创造出新的消费热点。如IP联名商品、主题乐园、游戏改编等，这些都能拓展IP的影响力并带动相关话题讨论。IP通过二次创作若能及时捕捉到社会热点，反映时代精神和价值观，将更容易引起大众共鸣和社会关注。IP所承载的价值观与社会责任也会成为热议话题的一部分。在互联网时代，IP产品越来越注重用户的参与感与共创体验，如社交媒体上的互动活动、UGC内容创作平台等，鼓励用户参与到IP内容的构建之中，这样不仅丰富了IP内容生态，也持续为IP提供了新鲜的话题素材。

IP产品的话题性是其生命力和市场竞争力的重要体现，通过上述策略，能有效提升品牌知名度、塑造品牌形象及实现商业价值最大化。

IP产品的时效性特征

IP产品的时效性特征是其重要属性之一，在数字化、网络化高速发展的今天，这一特性表现得尤为突出。IP产品的时效性特征包括创作与发布的即时性、法律保护期限的限制性、市场需求与消费趋势的变迁性、IP产品的创新性和迭代性等方面。

IP产品从创意生成到最终面向市场发布的过程往往具有极高的时效性要求。需要快速响应IP的热度，包括IP对社会的影响和用户IP的情感等因素，及时完成IP产品的设计与开发，并迅速发布，才能抓住市场的黄金期，满足用户的即时消费需求。这种即时性特点使得IP产品的热度时间短暂，但也有可能因为持续更新和迭代而保持长期热度及持续的长尾效应。

根据各国法律法规，各类IP的版权都有明确的法律保护期限。《中华人民共和国著作权法》规定作者生前及其逝世后若干年内享有对其作品的专有权利，专利权一般有效期为20年左右，注册商标的有效期则须定期续延。这意味着IP内容在其法律保护期内具有相对较强的排他性和价值实现可能性，一旦超过保护期限，则会进入公共领域，丧失原有的版权收益。

随着科技发展和社会变革，消费者的审美观、价值观及信息获取方式不断变化，导致IP产品的市场需求也随之波动。曾经风靡一时的游戏或电影IP，可能因内容更迭、流行文化转移等原因，在一段时间后热度减退，此时若不能及时更新内容、升级形式以适应新的市场需求，IP产品的时效价值便会大打折扣。

IP产品的创新和迭代也是其时效性特征的重要体现。无论是内容创新推动下的IP产品升级换代，还是艺术创新带来的新风格、新流派的崛起，都要求IP及其产品必须紧跟时代步伐，通过不断创新、迭代来维持自身的市场地位和影响力，否则很容易被市场淘汰。

把握IP产品的时效性特征，对于提升IP产品的市场竞争力、延长生命周期，乃至最大化商业价值，都具有极其重要的意义。这也对IP产品的设计者、管理者和所有者提出了更高的要求。在瞬息万变的时代背景下，应有效应对并利用好IP产品的时效性特征，使其始终处于市场潮流的前沿。

IP产品的营销性特征

在市场营销中，IP产品的营销性特征突出表现为品牌效应显著、差异竞争优势、跨界融合性强、社会传播广泛、长尾效应明显、追随者经济驱动六个方面。

IP产品往往依托于已经具有一定知名度和影响力的IP，这些IP具有高度的品牌识别度和忠诚度，拥有稳定的追随者群体，形成强大的品牌效应，为相关产品提供强大的市场号召力。消费者购买IP产品，不仅是为了获取实物或服务本身，更是对IP背后故事、价值观及情感寄托的追求和认同，这种高度的情感连接使得IP产品具有较高的市场辨识度和用户黏性。

IP产品通过将独特的创意内容与实体商品或服务相结合，能够创造出与众不同的用户体验，实现产品的差异化竞争，也成为重要的营销特征。一款基于热门电影IP设计的服装，除基本的穿着功能外，更融入了电影元素，赋予产品独特的故事背景和文化内涵，从而区别于其他服装产品。

IP产品的营销特性还体现在跨领域的融合上，成功的IP能跨越娱乐、时尚、家居、教育等多个行业，形成丰富的衍生产品线，与其他品牌或行业进行跨界合作，为消费者提供多元化选择。联名、授权等方式可以实现双方资源的优势互补和共享，拓宽市场覆盖面，提升营销效果。不少动漫IP不仅开发玩具、文具等儿童消费品，还延伸至主题乐园、动画电影等领域，实现多维度、多层次的市场开拓。

优秀的IP容易引发用户的自发分享和讨论，有利于产品信息在社交媒体上的传播、降低营销成本、提升营销效率。

由于IP产品的生命力往往取决于其背后的IP内容更新迭代和持续运营，能够建立稳定的用户关系，保持用户对IP及其相关产品的关注和兴趣，增强用户黏性，形成持久的消费动力，因此具有明显的长尾效应。即便原始IP热度消退，只要经过精心维护和创新，仍能持续吸引用户关注，带动相关衍生产品的销售。小说《西游记》虽然面世多年，但其IP产品，如电影、周边商品及主题公园依然在全球范围内受到热烈追捧。

通过社群运营、线上线下活动等方式，IP方可以深度挖掘和调动追随者的积极性，让追随者从单纯的消费者转化为IP的推广者，形成口碑传播，进一步推动IP产品销售和市场份额提升。

除以上六个方面外，IP产品的文化价值、故事性和延展性、高附加值、独特性与差异化等也是IP产品的营销特性。

IP产品承载了独特的文化内涵和情感价值，能够引发消费者的共鸣，满足消费者的精神需求，从而提高产品的附加价值和购买意愿。

IP通常具有丰富的故事背景和角色设定，这使得IP产品在营销上有很大的创新空间和延展性，可以开发出一系列不同类型和层次的商品或服务，形成完整的产品生态链。

IP产品不仅包含产品本身的价值，还蕴含了文化价值、情感价值及社交价值，这些无形价值使得IP产品具有更高的附加值，利于制定差异化的营销策略。

第六章
“泛IP”语境下IP产品设计原则

随着时代的发展、社会的进步及文化产业的快速增长，在“泛IP”语境下IP产品越来越受到市场的欢迎和消费者的青睐。但仅有旺盛的需求是不够的，IP产品行业要可持续发展，必须依赖于产品设计的推陈出新。通过不断地创新、改良、迭代，稳步提高IP产品的质量，而这需要IP产品的生产企业和设计师遵循正确的IP产品设计原则。

为了设计更好的、更新的，符合“泛IP”语境下“文化消费”需求的IP产品，应遵循实用性原则、艺术性原则、经济性原则、地域性原则、民族性原则、便携性原则、趣味性原则、体验性原则、叙事性原则、时尚性原则、情感性原则、仪式性原则、契合性原则、迭代性原则、系统性原则、系列性原则等。这些原则构成IP产品设计最为核心的内容。

IP产品设计的实用性原则

从现代设计的角度来说，实用性和艺术性成为当下产品设计的常驻话题。随着物质丰裕时代的到来，在设计理念相对成熟的国家，人们似乎更为看重设计的艺术性和趣味性。但产品的实用性原则在IP产品的设计开发中依然占据重要地位，它不仅关乎IP产品的市场接受度，更是实现其文化传承、创新表达和生活美学价值的重要途径。

消费者看重IP产品具有的实用功能，是因为实用功能能增强IP产品的应用价值，满足消费者对于物质层面的需求。购买既具有文化内涵又能够作为生活用品所使用的IP产品，已经成为当下消费者购买IP产品的一个选择标准。

实用性原则强调IP产品以人为本，符合功能需求，关注用户体验。根据使用者所处的年龄阶段，通过分析他们的生活习惯、身体条件和生活需求来设计不同类型的产品。IP产品不仅要在外观设计上别出心裁，更要在功能性和舒适性上下功夫，使之真正成为能够提升生活质量、满足个性化需求的实用工具。

IP产品设计的实用性还能促进产品的市场化进程，扩大其受众面。IP产品并非小众的艺术品，而是要面向大众消费市场的商品，因此必须兼顾大众的消费需求。只有具备实用性的IP产品，才能让更多的消费者愿意购买并长期使用，从而推动产业的持续发展。

从传播文化的角度来看，实用性原则能够使IP产品成为日常生活中的文化载体，潜移默化地传播和推广文化。无论是地域文化、历史故事还是艺术风格，都能通过实用性强的IP产品走入人们的日常生活，让人们在使用过程中自然而然地接触、理解和接纳不同的文化内涵。

实用性原则对于IP产品的重要性不言而喻，它是IP产品连接文化与生活、传统与现代、审美与功能的关键纽带，也是IP产品得以立足市场、服务社会、传播文化的核心要素。

IP产品设计的艺术性原则

IP产品不仅要具备实用功能，还要能向消费者传递情感。将艺术审美应用于产品设计中，让消费者通过艺术的感官刺激，感受到愉悦、激动、舒适等不同的情绪反应。

艺术性是指IP产品的整体设计新颖奇特、美观别致。艺术审美是通过IP产品的外在形态给人以赏心悦目的感受，唤起人们的生活情趣和价值体验，使IP产品产生亲和力。IP产品的艺术表现应与文化特色相协调，围绕实用和认知功能来展开，并最终通过造型语言表达来产生。

由于社会审美标准千差万别，在艺术表现上IP产品不能用设计者的标准代替消费者的标准，应通过了解消费者的审美心理和审美标准，按照消费者的审美标准去进行IP产品设计，以满足消费者的审美需要，从而创造出受消费者喜爱的IP产品。

IP产品设计是技术和艺术的有机结合，要在符合科学技术规律的基础上，发挥产品的物质功能和形式审美表现。人们对艺术和审美的需要是不断发展变化的，IP产品关于形式的调整和优化也是没有止境的，对艺术和审美的创造也没有极致和终点。IP产品的审美创造要坚持发展的原则，以适应人们艺术趣味追求的变化，满足人们对产品新鲜感的要求。

IP产品设计的艺术性特征是通过艺术表现的手段来提升产品的审美性和创新性。在IP产品设计过程中，要发挥艺术性思维，将艺术的理念应用到产品设计中，通过审美提升产品的竞争力和附加值。

IP产品设计的经济性原则

消费者在消费过程中，除了会被IP产品的优美造型、文化特征吸引，其经济性也是重要影响因素之一。具有实用功能且物美价廉、符合生活美学的时尚商品能与消费者的生活更贴近，更容易被消费者所喜爱。

在设计IP产品的时候要做好产品档次分类，尽量多设计一些物美价廉、独具特色、能被大众广泛接受的IP产品。

从产品的类别来说，IP产品应该选择价格低廉的产品种类作为开发对象，体现IP产品设计的经济性原则。还应在设计过程中考虑到成本控制、市场需求及可持续发展的因素，以达到有效利用资源、降低生产和运营成本的目的。

在设计初期需要进行成本效益分析，评估投入产出比，确保IP产品在可接受的成本范围内。为了降低成本，在设计过程中应尽可能让产品适应更多的应用场景，以满足多种需求。标准化、模块化的设计不仅能降低成本，还便于维护管理和批量生产，减少质量控制难度。IP产品设计的经济性原则是保证产品在市场上取得成功的关键。

IP产品设计的地域性原则

以地域性文化主题为内容的IP产品，代表了当地特色，承载了当地文化。成功的IP产品不仅要传达出当地的艺术特色和地域文化品位，还要通过地域性设计原则创造经济附加值，增加经济效益。

IP产品设计的地域性特征是地域所独有的自然资源的浓缩，具有唯一性及不可替代性，是区别于其他地区产品的标志性元素。地域性特征主要包含两个层面，一是自然特征，二是人文特征。

自然特征是指该地域不同于其他地区的自然景观、生态及气候特点，具有不可复制性，是构成地域性特征的物质基础。人文特征是指地域所独有的文化，以及对该地域资源的独特理解和运用方式，是该地域中历史文化资源的高度概括及符号表现。据目前IP产品销售市场反馈，IP产品具有的地域文化特征越明显，对消费者的吸引力就越大。

地域性原则在IP产品设计中往往反映特定地域的自然风貌和风土人情，采用当地原材料、当地制作工艺、当地包装风格等，将当地的地理环境、历史文化和民俗习惯等元素融入产品设计之中，从而体现出产品的个性化特点和地方特色。IP产品与地域文化内涵紧密联系，应切实把握人、设计、文化三者之间的关联。

以下是在IP产品中融入地域性原则常用的五种设计手法。第一，将当地著名的风景名胜内容融入产品设计，体现出产品的地域性元素的应用特点。第二，通过将当地的民间传说、节日庆典、饮食习惯等内容融入产品之中，使消费者感受到浓郁的地方风味和传统文化。第三，使用本地特有的原料生产制造IP产品，既能充分利用当地的资源，也体现了地域性传统工艺技艺的传承与宣传。第四，将本地的文化符号融入产品设计之中，能让消费者快速识别出该产品的地域特色。第五，将当地方言或俚语以特殊的形式融入产品之中，不仅能够让产品更有异域风情，而且能体现出产品的个性化特色。

IP产品设计要深入挖掘本地文化，并用创意设计手段来表现。IP产品的地域性文化内涵越丰富，其纪念意义就越大。IP产品利用独特的设计手法，使人们在直观的形象中获得对地域文化的领悟和价值的体验。

IP产品设计的民族性原则

当下中国的大多数人都渴望去西藏、云南，除了去欣赏旖旎的风光，更多地是想去领略独特的民族文化。民族文化的独特魅力使我们深深地感受到“民族的才是世界的”。“民族”是一个被历史、文化和共同祖先所联结起来的共同体。“民族”特质除了包括地域、语言、外貌特征或共同祖先，还包括主观的特质，特别是人们对民族性的认知和感情。

民族性与地域性相伴而生，世界上不同地域孕育了不同的民族文化，即使是同一个民族，也因为时空的关系，在民族文化上有所差异。民族性原则应用于IP产品设计能体现民俗风情、审美情趣，带有浓郁的民族特色。

IP产品设计的民族性原则还体现在将民族传统文化融入产品，使产品具备民族特色。很多民族都有自己独特的图案和花纹，这些图案和花纹能用来装饰IP产品的外观。许多民族都有自己的特殊材料，比如蒙古族和藏族的皮革制品，苗族和藏族的银制品等。将这些特殊的材料应用到产品设计中，也能使产品更具有民族性。不同的民族有不同的审美观念和建筑形式，这些因素也能影响IP产品的外形设计和内部结构，使其呈现出独特的民族风貌。民族性的产品设计往往还会考虑到当地的生活习俗和文化传统。每个民族都有相对独立的文化习俗，这种特殊文化传统对外来者有很大的吸引力，这些民俗活动让非本民族的人产生浓厚的兴趣，这些民族习惯也成为进行IP产品设计的创意来源之一。民族工艺手法也是一种独特的艺术表达形式，将其与IP产品设计相结合，能增加IP产品的艺术性和观赏性，也能体现民族文化的深厚底蕴。

IP产品设计的便携性原则

IP产品设计的便携性是指通过设计手段使IP产品有便于消费者携带的特点。IP产品设计时考虑便携性有多方面原因。第一，现代消费者往往追求轻便、高效的生活方式，特别是在旅游、出行、礼品赠送等场景中，小巧轻便的IP产品更易于携带和收纳，能够更好地满足用户随时随地使用或展示的需求。第二，便携性是影响消费者购买决策的重要因素之一。一款设计精良且便于携带的产品更容易吸引顾客的眼球，并促使他们在众多商品中选择具有便携优势的IP产品。第三，IP产品通常承载着一定的地域文化或品牌故事，通过提升产品的便携性，能促进文化的广泛传播，让更多的人在旅行或日常生活中随身携带并分享这些富含文化特色的产品。第四，随着零售业和旅游业的发展，越来越多的消费者喜欢购买能够代表当地特色的纪念品或小物件。具备便携性的IP产品不仅利于销售，也方便游客将这些产品带回家作为旅游回忆的载体。

便携性原则体现在产品的体积与重量上。IP产品设计时应充分考虑用户的携带需求，力求做到轻巧便携，既不影响产品的美观性，又能满足用户随身携带的需求。设计以传统文化元素为主题的笔记本，不仅要注重封面设计的艺术性和内页纸张的质量，更要在尺寸大小和厚度上精雕细琢，使之既能方便放入包中随身携带，又能在使用过程中提供舒适的握感。

IP产品在传承文化、展现艺术美感的同时，也需兼顾其实用功能。设计师要深入理解目标消费群体的生活习惯与需求，将便携性融入产品功能之中，如设计可折叠、易收纳的艺术画框，或者结合了笔、尺、橡皮等多功能于一体的文具套装，都是对便携性原则的深度应用。

优秀的IP产品应具备广泛的适用场景，无论是居家、办公，还是出行、休闲，都能灵活适应，彰显出强大的环境适应性和生活实用性。一款能快速展开成为背包，收起后小巧便携的文化地图，既具有收藏价值，又能在旅行中发挥实际作用。

优秀的IP产品还应具备快速安装、简易操作的特点，使用户无论在任何场合都能轻松启用和收纳。如基于影视IP设计的蓝牙音箱，不仅外形要符合IP形象特征，还需小巧玲珑，便于随身携带，并让开机、配对等操作流程简单快捷，使用户能够随时随地享受音乐带来的愉悦体验。

IP产品设计的便携性原则是一项综合考虑了产品尺寸、使用便捷性、功能多元性等因素的系统性工程。它要求设计者在尊重和传达IP核心价值的基础上，不断优化用户体验，力求打造出既彰显IP魅力，又能无缝融入现代快节奏生活的高便携性衍生商品，从而持续扩大IP影响力，实现商业上的成功。

IP产品设计的趣味性原则

趣味性原则指能够使使用者感到愉快、引起兴趣的一种产品设计原则。在生活节奏快、压力大的环境下产品设计的趣味性成为人们对产品消费的情感需求。当下大多数人都无法抵挡产品趣味性的诱惑，IP产品通过设计传达出风趣幽默、诙谐调侃的文化信息，这些信息以IP产品为载体带给消费者身心愉悦与放松。

赋予IP产品趣味性，也能更好地体现设计以人为本的意义。IP产品作为一种“物”与“人”之间的情感交流渠道，通过产品的造型、材料、功能、互动性等方面设计，融入形态生动的视觉形象，并赋予产品以情感、个性和生命，使IP产品具有滑稽、幽默、奇趣、幻想、亲和等特征，从而带给使用者新奇的联想。

在当今竞争激烈的市场环境中，产品的趣味性已经成为产品吸引消费者和提高市场份额的关键因素。特别是在IP产品设计领域，趣味性不仅能为产品注入活力，而且能提升商业价值。

随着消费者生活水平的提高和消费观念的变化，越来越多的人开始追求个性化、趣味化的产品体验。拥有独特趣味设计元素的产品往往更容易引起消费者的关注和喜爱，进而激发购买欲望。以热门电影或动画角色为主题的IP产品通过加入富有创意的设计元素来满足消费者对趣味性的需求，从而获得了市场的认可。消费者对趣味性强的产品愿意支付更高的价格。有趣的、有吸引力的设计本身就具有传播力，能够引发社交媒体上的口碑效应，从而减少企业在广告推广等方面的投入。

在IP产品的设计过程中，需要不断尝试新的设计理念和手法，以创造出与众不同的产品。在这个过程中，趣味性无疑是一种重要的创新手段。打破常规思维模式，开发具有想象力和创造性的设计方案。趣味性还能成为与消费者的沟通工具，通过直观的方式让消费者更好地理解和接受新产品。

在IP产品设计中，产品趣味性发挥着至关重要的作用，不仅能提高产品的市场竞争力，促进产品宣传效果，还有助于推动IP产品创新和增加企业的利润空间。在进行IP产品设计时，应当注重培养创新思维，并善于利用各种方法来提升IP产品的趣味性。

IP产品设计的体验性原则

用户体验性是指用户在使用产品过程中的感受，是决定产品是否受欢迎和有价值的重要指标。“体验”好比是一种创造难忘经历的活动，当活动过程结束后，“体验”的记忆将恒久存在。

在消费行为研究中，消费者不仅是理性地为某种商品的需求而产生消费行为，更是在消费过程中产生感性和愉悦体验，在消费情境中产生情感反应。通过对生活情境的感受和体验，进而影响消费决策。消费商品不再是单纯获取商品的行为，而是消费借由媒介的交换，成为一种文化的需求。

在当今的市场竞争环境下，IP产品不仅要具有高质量的内容和创新的功能，更要关注用户体验。优秀的用户体验能使IP产品更具吸引力。用户在使用IP产品的过程中，如果能够感受到愉快、舒适和便利，他们就会更愿意继续使用这款产品，甚至推荐给其他人；相反，如果用户体验不佳，用户就会立即放弃使用，转而去寻找替代品。

满意度是指在用户使用产品的过程中，产品是否达到了预期的效果，是否得到了满意的结果指标。良好的用户体验能提升用户满意度，减少售后服务成本，有利于产品的长期发展。只有当用户对产品的体验感到满意时，才会对产品产生信任和依赖，进而成为忠实的用户。

IP产品的美观对用户的体验也很重要。美观的IP产品在视觉和听觉上带给用户极好的感受。在设计IP产品的颜色、形状、布局等方面时，应注重美感和协调，使IP产品给人留下深刻的印象。

想要在IP产品设计中创造优秀的用户体验，还要关注产品的易用性，即产品能否方便、快捷地被用户理解和操作。这就要求设计IP产品的同时，充分考虑到用户的需求和习惯，在保证基本功能的前提下，尽量简化操作流程，使IP产品尽可能简单易用，提升用户体验。

IP产品设计的叙事性原则

在当下的商业环境中，讲述好的故事已经成为一种非常有效的营销手段。在IP产品设计中对内容的表现成为设计的核心要义。对IP产品设计中的内容展现，不要局限于符号、图案、文字等视觉的信息展示，在IP产品中叙事性设计表达也具有举足轻重的地位。

IP产品设计的叙事性原则是指将产品的文化特性、功能、使用场景等，以故事情节的方式呈现出来，从而使消费者更好地理解和接受产品。坚持IP产品设计的叙事性原则能够提高消费者的认知度。通过讲述生动有趣的故事，消费者能够从多个角度和层面了解IP产品的主题内容，从而加深对IP产品的印象。

叙事性表达还有助于IP产品的文化宣传。通过叙事展示IP内容，使消费者产生共鸣，并建立起对IP产品的认同。故事本身具有的悬念和冲突也能使消费者产生强烈的兴趣和好奇心，从而引发购买欲望。

要在IP产品设计中运用叙事性设计，要做到确定故事的主题、构建完整的情节、塑造鲜活的人物角色、注意语言的表现力四个方面。

根据IP产品的类型及使用情境，找到与之相匹配的主题。主题的选择至关重要，它既能体现IP产品的价值，又能引起消费者的共鸣。情节是指围绕主题展开的一系列事件和发展过程。情节设计要符合逻辑，既要引人入胜，又要能让读者对IP产品有清晰的认识。人物角色包括主角和配角，是有血有肉、富有个性的形象。人物角色的设计有助于使故事更加生动活泼，引起消费者的关注。语言是传递故事的主要工具，其表现力直接影响故事的效果。在描述场景和人物时，应力求精确和细致，在描绘情感和氛围时，应注意语言的艺术性和感染力。

对IP产品的叙事设计应注意形态叙事、功能叙事与情感叙事相结合。注重设计叙事的主题性、情境性和关联性。

IP产品设计的时尚性原则

随着经济的不断发展，生活中追求时尚已蔚然成风。说到时尚，会让人联想到T型台上的另类服装，其实时尚没有想象中那么高不可攀，生活中也经常会出现充满时尚感的元素。时尚英文为fashion，是人们对社会中的某项事物，在某一特定时间段的崇尚，是丰裕物质社会出现的一种社会文化现象。这里的“尚”是指崇尚、推崇、崇拜的意思，“时”是指某一特定时间段，因此时尚具有很强的时效性。

如今所处的时代，“快餐文化”大行其道，广大消费者面对快节奏的生活，渴求在“物质”消费上标识自己“精英阶层”的身份，并且向旁观的人宣告“没有过时”，甚至想把自己打造成引领时尚的明星。这一消费意识在广大年轻人中具有普遍性，针对这种对潮流的追捧，就出现了每年服装秀上各种流行色、流行款式的发布会。在IP产品设计中通过时尚性的表达，吸引年轻消费者的购买欲。

第二次世界大战后的美国成为世界商业设计中心，美国把设计当作是推进经济发展的重要策略，明确地将设计当作一种经济资源来使用。制造商们对消费者喜新厌旧的心理了如指掌，时尚设计得到重视，原因在于不断变化的产品风格能持续地占有市场份额。

在“时尚”观念的影响下，消费动机是时尚设计想要努力实现的目的。在这个过程中，设计充当了“时尚”的具体执行者。在世界的每个角落，工业产品都是通过不断自主改变的方式来强调自身的存在价值，并由此掌控消费者的期盼。

IP产品设计的时尚性原则结合了品牌形象塑造、流行趋势捕捉、用户体验等多个维度。

IP产品设计应紧密围绕IP的核心价值，关注并融入最新的时尚潮流和审美趋势，使IP产品具有时代感和流行元素，吸引目标市场的注意力，在众多竞争产品中脱颖而出。通过独特的创意和艺术表现手法赋予IP产品个性化的特征，使其在市场中独具特色。建立IP产品与用户之间的情感纽带，通过设计传达IP角色的性格特点和故事内涵，增强用户的喜爱程度。时尚设计不仅要注重外观美感，也要兼顾IP产品的功能性与实用性，确保IP产品在美观的同时满足消费者的实际需求。随着时间和市场变化，IP产品设计应具备时尚设计的灵活性和可扩展性，适时进行迭代升级，保持IP形象与产品的新鲜感。

IP产品设计的时尚性原则必须在保持品牌风格的基础上，不断创新、追求时尚前沿，同时确保设计既符合用户喜好又有利于商业推广。“艺术化”成为一些人所向往的生活，这也成为时尚设计的一个重要的方向。虽然对这种生活方式没有明确的定义，但是产品的物质之美与精神之美相统一应该是其不二法则。随着手工艺的复兴，新手工艺将成为时尚设计领域中的一支重要力量。设计与手工艺特质的结合使IP产品趋向人性化。产品设计的小批量生产和IP定制产品的出现也是促使IP产品“时尚化”时代到来的原因。

IP产品设计的情感性原则

罗尔夫·詹森（Rolf Jensen）曾言：“在购物时，事实上是在商品内寻找故事、友情、关怀、生活方式与品行，其实是在购买感情。”现代社会的物质生产丰富，从某种程度上讲，人们对于情感的需求甚至超越了对物质的需求，在IP产品与消费者之间建立情感联系是IP产品设计的关键。

唐纳德·A·诺曼（Donald Arthur Norman）在《情感化设计》一书中提到，“产品的情感设计分为三个层面：本能层面、行为层面、反思层面。”本能层面的情感设计原理来源于人类的本能，凭借视觉、听觉、触觉、嗅觉等评判产品中的情感体现，优美流畅的产品造型、和谐明快的色彩、手感舒适的材质，都能使人产生愉悦的情绪，进而产生正面的情感。行为层面的情感设计重点在于产品的功能性、操作的方便性、情感交流的交互性。产品通过交互行为带给消费者生理上的认知，能够产生情感上的可靠性。反思层面的情感设计注重的是信息、文化及产品效用的意义，情感因人而异，与消费者的文化程度、思维习惯、个人阅历有关，强调消费者对产品的反思结果。

IP产品设计的情感性原则就是要将消费者对IP内容的情感体验融入产品中。在文学创作中讲究“有感而发”，做设计也要求要敏锐地捕捉生活感受。IP产品设计的情感性原则同时尚性原则、趣味性原则一样重要，如果IP产品不能带来乐趣与快乐、兴奋与喜悦、自豪与反叛、焦虑与生气、害怕与愤怒等多样性的情感，那么IP产品从某种意义上讲就是无意义的。

情感设计的重点就是以内心感受的方式来使人与产品互相渗透、互相联系在一起。人不仅是一个信息接收的器官合体，也是一个敏感的记忆再生装置，能够根据记忆在脑海中再现出各种形象。在人脑中出现的形象，是同时由几种感觉刺激和人的再生记忆相互交织而成的一幅宏大图景。

日本著名设计大师杉浦康平先生所提出的设计“五感说”，也是强调设计需注重视、听、触、嗅、味五感之美的体感经验，于细微处让消费者感受到产品的情感呵护。IP产品设计的情感性原则将产品作为载体，让消费者在产品生命周期的全过程中感受到更多的情感价值。

IP产品设计的仪式性原则

仪式是一种强烈的心理暗示行为，仪式感也成为一种重要的心理现象。仪式感是人们在特定的情境下，通过一系列的规则、动作和行为，表达出一种内在的情感和态度。这种情感和态度可能是庄重、虔诚、敬畏，甚至是激动人心的快乐。仪式感除了能让人们对某些时刻深刻记牢，也更容易强化认同感，代表了对特定事件或场合的感知和反应，是一种对特定行为或事件的尊重和认可。

仪式性行为或事件可以是简单的日常习惯，也可以是更为复杂的宗教仪式或社交活动。仪式性行为在个人生活中扮演着重要角色。通过参与某些特定的仪式活动，仪式性行为帮助人们确认自己在社会中的地位，并获得属于自己的归属感，让人感受到生活的意义。

仪式感还能维护社会秩序和规范，仪式是社会、宗教和政治制度中的核心元素。宗教仪式和政治活动都需要一定的仪式感和规范，这种规范有助于维护社会的稳定和秩序。

从心理学的角度来看，仪式感还能帮助我们减轻压力和焦虑。在日常生活中，许多人会感到压力和焦虑，这些感觉会影响情绪和行为。而参与某些仪式或活动能减轻负面情绪，让人感到更加平静和放松。

心理学家马斯洛提出的需求层次理论，其中提到亲情、友情、爱情等社会需要，自我尊重、被他人尊重、信心、成就等尊重需要，其实都是涉及仪式感的所在。也恰恰是因为仪式感，使得幸福的价值更容易被我们感受到，也会使我们更加深刻地记得某个特别的时刻。

在IP产品设计中，创造用户的仪式性行为是一种非常重要的设计原则，这便是IP产品设计的仪式性原则。IP产品设计的仪式性原则应该从消费者的角度出发，让消费者在使用产品的同时，感受到一种独特的仪式体验，创造出能够触动心灵、感到参与和归属的心理反应。

IP主题与产品的契合性原则

在IP产品设计中，IP主题与产品之间的契合显得尤为重要。这是因为只有把两者紧密结合在一起，才能够保证最终的设计成果，既贴近消费者需求又能体现IP的独特魅力，从而发挥出最大的效益。

将IP主题与产品紧密连接起来，就能使产品在众多的商品之中脱颖而出，实现快速传播。当一个IP主题与产品结合得恰到好处时，消费者会对这款产品产生亲切感和信任感，更容易形成忠诚消费的行为。

想要实现IP主题与产品的良好契合性，需要充分理解消费者的需求。只有深入研究消费者的喜好和行为习惯，才能把握住市场的发展趋势，从而找到IP与产品的契合点，深入挖掘IP主题的核心价值，通过发掘IP故事背后的深层含义，把产品特色与主题相结合，赋予产品文化内涵和精神价值。

契合性原则能使IP与产品更好地融合。设计的方法包括造型的契合、环境的契合、场景的契合、情境的契合、内容的契合。当产品与其IP主题紧密相连的时候，消费者就能快速地认知这个产品所传达的IP内容。这种高度认知能力使得消费者更容易记住IP及产品。

IP产品设计的迭代性原则

创新是设计的生命，IP产品要克服同质化问题，不断推陈出新，就要在设计中引入创新意识。人们在消费过程中具有求新求异的心理诉求。IP产品在设计过程中应该抓住消费者的这种心理，不断迭代开发新产品，刺激消费者产生新的购买欲望。

在当前市场上，IP产品设计面临着巨大的挑战，只有坚持不断迭代创新才能在激烈的竞争中取胜。在迭代设计的过程中应以用户体验至上，始终坚持以人为本，追求更好的用户体验。

提供科技创新，不断跟进新技术的发展，通过科技创新满足市场需求。全面推进产品多元化发展，满足用户多样化的需要。IP产品设计的迭代性原则概括了IP产品创新设计的基本思路，为产品的创新开发提供了有力指导。

IP产品的迭代设计过程，正是不断实践和体现创新设计原则的重要途径。从用户需求导向的创新、文化元素的提炼与创新融合、持续的技术与工艺创新三个方面详细阐述IP产品的迭代设计，实现产品创新设计原则。

IP产品迭代更新首要遵循的是“以用户为中心”的创新设计原则。在产品研发过程中，要深入了解目标用户群体的需求、喜好、生活方式等，并以此为导向进行产品功能、形态、材质等方面的迭代更新。随着现代人对生活品质追求的提升，IP产品不仅要在视觉美感上满足消费者，更需在实用性、互动性、情感连接等方面有所创新。

IP产品的核心竞争力在于其蕴含的IP文化内涵。在迭代更新过程中要注重对IP内容的迭代，需要深入挖掘IP文化资源，通过解构、重组、抽象等手法提炼文化符号，再将其与产品设计理念、科技手段相结合，实现IP内容的创新与产品创新的融合，并不断迭代出新的IP换代产品。

IP产品的迭代更新离不开技术与工艺的创新支持。无论是新材料的研发应用，还是生产工艺的改进升级，都能为IP产品提供更为广阔的设计空间与表现形式。前沿科技的应用使IP产品的迭代在形态结构、质感肌理、交互体验等方面实现突破，提升了产品的附加值。

IP产品迭代更新的过程，实质是对创新设计原则的深度践行。这就要求我们在关注用户需求的同时，深挖文化内涵，积极引入技术创新，并敢于挑战传统的商业模式和服务模式，从而让每一代IP产品都充满新鲜感与活力。

IP产品设计的系统性原则

我国古代工艺名著《考工记》中早有论述："天有时，地有气，材有美，工有巧，合此四者，然后可以为良。"天时、地气、材美、工巧是设计优秀物品的四个要素，它是一种"大"的设计思想，"和"的设计理念，一种"尚法天地，天人合一"的系统设计观。创造性地提出设计者在设计之初、生产者在制作之中、消费者在使用之后应当注重内在统一的设计思想。IP产品的设计与开发更应如此，只有使IP产品顺应天时、适应地气、巧用材料、适宜工艺，并将这四者有机地结合才能更好地进行设计开发。

IP产品设计的系统性原则要求在进行IP产品的策划、构思与实现过程中，充分考虑产品与文化环境、市场需求、用户需求、生产工艺等多个层面之间的有机联系和整体协调性。这一原则从全局视角出发，将IP产品的每个细节都纳入完整的生态系统中，确保在满足功能性和审美性的同时，更有效地传达出深层的文化内涵和价值。

IP产品设计的系统性原则是一个全方位、多层次的综合理念，它强调的是产品设计的整体性和关联性，旨在通过对文化环境、市场需求、用户需求和生产工艺四个方面要素的有效整合，打造出既能传承文化精髓，又能满足现代生活需求，富有创意且极具生命力的IP产品。

IP产品设计的系列性原则

在IP产品的设计过程中，系列性是至关重要的设计原则，主要强调通过保持统一的产品形象、设计理念和风格延续性，在不同产品之间形成一种有机的关联，从而强化IP产品的整体性和辨识度，提升市场影响力和用户黏性。

IP产品设计的系列性原则包括IP主题一致性、设计语言的统一性、功能定位与目标市场的契合、故事脉络与情感延续、迭代更新与创新突破五个方面的内容。

成功的IP都有独特的主题内容。在设计系列IP产品时，应确保每款产品都能反映出共同的IP主题。主题也许无形，是一种内在的联系关系，因此同一主题下的系列性IP产品应具有某种内在的联系，这种内在的关联使得系列性IP产品之间能够构建一种联想线，通过联想线将IP产品关联于一体。

IP产品设计的系列性原则体现在统一的设计语言上。设计语言是传达IP精神内涵的重要载体，在设计系列IP产品时，要确保设计语言的统一性，即在造型、线条、色彩、材质、图案等方面保持一致或有规律的变化。以动漫IP为例，从主角角色的设计延伸到周边商品，如玩偶、文具、服装等，都应遵循同样的设计风格和视觉元素，使整个系列产品形成完整的视觉体系，既有利于构建IP的世界观，也能增强消费者的认知记忆。

虽然同属一个IP系列，但每款产品可能针对不同的使用场景和消费群体，在功能设计和性能配置上需要有所区分，同时又要保证这种差异性不破坏整体系列的一致性。需要深入理解并挖掘IP的价值潜力，将IP的内在特性与市场需求紧密结合，打造既能满足细分市场需求又具有高度系列化特征的产品线。

对于包含丰富故事背景和人物关系的IP而言，系列性原则还体现在产品设计如何延续IP的故事脉络，激发消费者的情感认同。推出按故事情节顺序排列的产品系列，或设计含有隐藏彩蛋和情节线索的产品细节，都能有效加深消费者对IP的探索兴趣。

随着时代发展及消费者需求的变化，IP产品需要不断调整优化，以适应新的审美趋势和市场需求。在此过程中，要尊重和保留IP原有特色，寻找合适的创新点，让新产品既能体现系列的风格，又能展现出与时俱进的新鲜感。

IP产品设计的系列性原则旨在通过各方面的协调统一，打造既有深度又有广度的产品矩阵，实现IP价值的最大化释放。而在这个过程中，既要坚守一致性，也要注重创新与变化，才能真正打造出深入人心、经久不衰的IP产品系列。

第七章
“泛IP”语境下IP产品设计的内容传达

“泛IP”语境下IP成为文化的内容表现，IP产品的产生也是以“泛IP”语境下对IP内容的传达为目标。无论是IP赋能的产品，还是进行IP文化宣传的产品，IP产品都是IP文化内容的传达载体。从产品开发的角度来说，IP产品是集IP营销和IP文化宣传为一体的产品设计模式。IP产品的发展历程经历了从符号语意表达到产品叙事的过程，由最初的图案式传达、造型式表达逐渐向交互式、反思式的叙事传达转变。在IP产品设计的IP文化内容传达中，介绍了IP产品设计的形象语意传达（包括符号语意、文字语意、图案语意、造型语意四个方面）、IP产品设计的意象语意传达、IP产品设计的交互语意传达、IP产品设计的无意识语意传达、IP产品设计的情感语意传达，分析IP产品的叙事设计的意义，研究IP产品叙事设计表现手法，最后探讨IP形象在IP产品设计中的意义。

IP产品设计的形象语意传达

IP产品设计的语意传达是通过一种可被理解和接受的语言来传达产品的核心概念和价值。在IP产品的设计过程中，产品设计的形象语意传达的重要性不言而喻。只有清晰、准确的形象语意传达，才能让目标受众理解产品的核心理念和价值，从而激发他们的兴趣和购买欲望。有效的IP产品设计的形象语意传达应注重多方面的问题。

对于IP产品设计的形象语意传达，首先需要在传播学的基础上进行讨论，明确语意表达的关键问题，然后利用产品的各种形态语意进行设计。从传播学的角度来看，IP产品设计的形象语意传达需要注意以下四个方面的问题。

第一，明确产品的定位和目标受众，语言风格应该符合定位人群的喜好，尽量让使用的产品语意简洁明了，易于理解。第二，提炼出产品的核心价值和特点，强调独特性、先进性和实用性，突出IP产品的历史底蕴、人文关怀和审美价值。第三，运用合适的产品形态表现形式，不同的产品形态和表现形式有不同的表达效果。选择合适的产品形态作为载体进行表现，使用合理的产品表现形式传达，IP产品设计的形象语意能够达到语言表达的目标。第四，不断优化和调整，形象语意表达并非一次性完成的任务，而是需要根据用户反馈和市场反应进行持续的优化和调整。

IP产品的符号语意传达

符号在产品设计中的语意传达主要体现在功能指示和使用引导

方面。家电用品上的各种按键直观地表达电器的使用状态，电子设备上的各种图标则能快速告知用户设备的操作状态或运行状况等信息，这种直观易懂的符号语言极大地提高了产品的易用性。

IP产品设计中的符号语意传达非常重要，因为它直接影响产品的外观和形象，以及用户对产品的认知和接受程度。人们生活在一个由符号建构的认知环境中，符号学成为信息传播的基础学科。IP产品的符号语意传达也成为产品设计中比较基础的传达形式。设计应根据IP的特性，赋予IP产品独特的符号语意。

IP产品的符号语意传达是指在设计过程中，将具有特定文化内涵和象征意义的符号元素融入产品之中，通过这些符号传达出IP的文化内容。

IP产品的符号语意传达是文化创意产业的核心之一，它既是一种艺术手法，也是一种传播策略，旨在通过日常使用的物品激发人们对文化的认知和情感共鸣，增强文化自信和传承。

IP产品设计中的符号语意传达应该简洁明了，同时具有独特的意义和审美效果，以及一致性和时代性。需要通过精细的设计和实践，挖掘IP文化的核心，将其完美地融入产品中去，以增强用户的感知。

IP产品的文字语意传达

文字是产品与用户交互的直接载体。无论是界面上的功能说明，还是操作提示、错误反馈等信息，都需要通过精确且易于理解的文字进行传达。要确保文字语意传达清晰明了，避免产生歧义，使用户能够快速理解和操作产品功能，实现其目标需求。

在产品设计中，文字语意传达扮演着至关重要的角色。虽然在符号学中文字被认为是符号的一种形式，但是在大众的认知中，文字更倾向于一种理性的信息传达方式。文字不仅关乎信息的有效传递，更是叙事的重要手段。因此，在产品设计中的文字语意，也就产生了重要的意义。

文字语意在情感化设计中具有显著作用。恰当的文字表述能赋予产品独特的情感色彩和个性特征。轻松幽默的文案能让用户在使用过程中感到愉悦，严谨专业的描述则能增强产品的专业性和信任感。优秀的IP产品会根据定位和目标人群选择合适的文字表现风格和表达方式，以拉近与用户的距离，营造良好的情感体验。

文字语意也成为塑造品牌文化、传递品牌价值的重要工具。从产品名称、标语到各种引导文案，都能体现品牌的内涵和理念。简洁有力的品牌口号或富含深意的产品描述，都能潜移默化地影响用户对产品的认同。

IP产品的文字语意传达，通过文字内容、字体设计、排列布局等手段传达文化信息和创意理念。IP产品上使用的文字通常来源于诗词歌赋、历史文献、地方方言、民间谚语等文化资源，这些内容富含寓意，能够唤起消费者的共鸣，如将《红楼梦》中的经典诗句印制在书签或T恤上，进行IP文字化信息内容传达。而文字的语意传达更多的形式则是采用独特的字体设计来体现文化创意，根据传统书法艺术进行创新演绎，结合现代审美趋势设计个性化的字形，使文字本身成为艺术品。字体的风格能反映不同历史时期的文化特色及地域文化特性。将文字转化为图形元素，进行图案化的设计，使之与产品形态相结合，形成视觉上的统一。如将“福”字变形为图形符号，应用于产品或包装上，体现中国传统的“福”文化。通过巧妙的排版布局，文字能在IP产品上构建出层次丰富、韵律感强的画面效果。如在海报、明信片或包装设计中，文字不仅传递信息，还能与图像交织，共同营造出独特的叙事空间。

IP产品的文字语意传达是一种直观且有力的文化传播方式，精心策划的文字设计可以让IP产品承载更多的文化内涵，提升产品的艺术性和市场价值。

在全球化背景下，IP产品设计中的文字语意传达还涉及多种语言环境下的翻译与本地化问题。需要充分考虑不同语言和文化的差异，确保文字内容在各地区均能准确无误地传达原有意图，以适应全球化的市场需求。

IP产品设计中的文字语意传达是一项兼具实用性和艺术性的复杂工作，要求具备深厚的语言功底、敏锐的用户洞察力及跨文化交流能力，通过精准而富有魅力的文字，为用户提供卓越的产品体验。

IP产品的图案语意传达

IP产品的图案语意传达是指在设计过程中，将具有特定象征意义和文化内涵的图案应用于产品之上，通过图案的设计与组合来传达某种深层次的文化信息、历史故事或情感价值。IP产品设计中的图案语意传达是一种重要的视觉传达手段。通过特定的图形、符号、色彩等元素，可以将设计的理念、产品的功能属性及IP文化内容等信息以直观而富有情感的方式传递给用户，构建产品与用户之间的深度沟通桥梁。

图案作为IP产品设计的重要组成部分，其语意的传达直接、简单、通俗、易懂。图案语意传达还能体现形式美感，不同的线条、形状、纹理能够引发用户不同的情感共鸣。简洁的线条能代表现代与高效，复杂的图案则能寓意丰富与多元。在中国传统文化中，龙凤图案寓意吉祥如意，莲花图案象征纯洁无瑕，这些图案运用在产品中，不仅能提升产品的艺术性和文化品位，也能有效激发用户的认同感和归属感。

很多IP产品会从文物、古代艺术品、传统工艺品中汲取灵感。如故宫IP产品中运用到的宫廷建筑彩绘图案、古代瓷器上的吉祥纹饰、文人墨客印章图案等，这些图案均承载了丰富的历史文化信息。不同地区的IP产品往往会选取反映当地风土人情、民俗习惯、自然景观的图案作为设计元素，如苏州博物馆衡山杯上的文征明印章图案，各地旅游纪念品中常见的地方标志性建筑、民族服饰纹理等。许多图案本身带有象征性含义，如葫芦图案代表福禄、子孙满堂；猫的形象在中国传统文化中有招财进宝、守护家园的寓意，在故宫IP产品中体现为“故宫猫”形象；而诸如蝙蝠、莲花、石榴等图案，则分别寓意着福气、纯洁和多子多福。对传统图案进行再创造，通过抽象、变形、重组等方式赋予IP产品新的时代特征和审美风格，使得古老图案在现代IP产品中焕发出新的活力，既保留了原有的文化脉络，又满足了当代消费者的审美需求。

图案作为一种视觉语言，能够迅速拉近消费者与产品的距离，唤起人们的共同记忆，从而提升IP产品的附加价值和市场竞争力，同时也有利于IP产品的品牌传播和推广。

IP产品设计中的图案语意传达是设计师对产品理念、功能、美学以及人文关怀等多维度思考的具象化呈现，通过对图案进行精准而巧妙的设计，不仅能够提升产品的审美价值和用户体验，更能在无形之中塑造品牌形象，深化品牌影响力。

IP产品的造型语意传达

IP产品的造型语意传达，是指通过IP产品的形状、色彩、材质、结构及细节等造型元素，向用户传达特定的信息和含义，从而引发用户的感知、理解和情感共鸣。这种语意传达是产品与用户之间非语言层面的沟通方式，对于提升产品的功能性和审美性，强化

IP形象，满足用户的情感需求具有重要意义。

在实际设计过程中，应根据产品的功能属性、IP文化内容、目标用户群等因素，精心构思和设计造型语意。产品的造型语意传达，通过具象造型能够直接地传达出IP内容信息，使消费者产生直接联想。产品的造型语意也包含了文化符号和象征意义。中国传统文化元素的融入，能增加产品的民族特色和文化底蕴，使用户在使用过程中感受到深厚的文化内涵。

文创产品中的造型语意表达是设计者在创作过程中，通过对产品形态、结构、材质等视觉元素的设计和组织，来传达特定的文化内涵。将传统文化或地域特色中的标志性符号转化为实物产品的外形特征，如“微山”灯具所体现的中国山水画意境，通过连绵起伏的山脉造型反映东方人文精神。利用现代设计手法重塑古代文物或传统建筑的造型，使其符合当代审美需求，同时保留原有文化韵味。“故宫口红”外观设计灵感来自宫廷绣裳，色彩选自故宫院藏文物，从而实现了古老与现代的交融。

IP产品中的造型语意传达是一种深入挖掘文化资源并创新再现的过程，它使得产品超越了物质本身的实用性，成为一种富含文化价值的艺术表现形式和交流媒介。IP产品设计中的造型语意传达是一种综合性的设计手段，要求深入理解人的需求、情感和文化背景，借助创新的造型语言，创造出既能满足实用需求又能触动人心的产品，让产品本身“说话”，讲述其独特的故事和价值观念。

IP产品设计的意象语意传达

在设计学中，意象语意传达是指设计师通过有意识地选择和组织视觉元素、形态特征、材料质地、色彩搭配及功能布局等手段，在产品设计、室内设计、平面设计等各种设计领域中传达特定的含义和情感。这种表达方式不仅是物理层面的设计，更是与使用者进行沟通的一种语言，包含了设计师对文化、社会、环境、用户需求等多种因素的理解和反应。

具体到IP产品设计中，意象语意传达表现为设计师利用设计作品来传达某种文化内涵、历史故事、价值观念、情感体验，使产品超越其基本功能属性，成为文化和信息传递的载体。通过象征性的图形、传统工艺的运用、地域特色的色彩搭配等手法，让观者或使用者能够解读出设计师所意图传达的深层次意义。

意象语意传达是设计理论与实践中的重要概念。设计学中的意象语意传达要求设计师深入理解人类文化心理和社会语境，结合设计目标与用户需求，巧妙地运用设计手法将抽象的概念具象化，从而实现有效并精准的沟通。

设计中的意象语意传达涉及多种设计手法，旨在通过视觉、空间、结构和文化符号等手段传达特定的含义和情感。在IP产品设计中，意象语意传达是设计师通过创造性地结合文化元素、情感内涵和功能需求来传达特定意义的重要手段，包括文化符号的借用与创新、仿生设计、象征与隐喻、情感共鸣、感官体验设计、包装与品牌叙事等手法。

文化符号的借用与创新：设计师将传统文化符号如图腾、图案、纹饰等进行抽象化、现代化处理，以新形式体现在产品外观或细节上，使之成为连接传统与现代的情感纽带。

仿生设计：参照自然界的生物形态、结构和特性，创造出既富有美感又富含生态、生命哲理的产品，这样的设计能够唤起人们对自然环境的关注和对生命的尊重。

象征与隐喻：使用具有象征意义的元素，如材料以及工艺技术等，这些元素本身便承载了丰富的文化信息，通过设计应用可以传达特定的文化意象。

情感共鸣：挖掘并强化产品的情感属性，如利用材质触感、形状柔和度、色彩心理效应等引发消费者的内在情感共鸣，让产品不仅实用，更具有情感价值。

感官体验设计：利用多感官交互的方式传递文化信息，包括视觉、听觉、触觉甚至嗅觉，全方位营造沉浸式体验，从而强化产品的文化意境。

包装与品牌叙事：包装设计作为IP产品的一部分，运用图形、文字、插画等元素构建品牌形象，传达品牌故事及产品所蕴含的文化理念。

在IP产品设计中，意象语意传达是一个综合性的过程，设计师需要深入挖掘文化资源，并通过创意构思、艺术表现和技术实现等多重层面来丰富产品的文化内涵与精神价值。实际设计过程中，设计师根据具体项目需求和目标受众特点灵活综合运用各种手法来实现精准的意象语意传达。

IP产品设计的交互语意传达

IP产品设计中的交互是一种创新且引人入胜的设计方法，它将情感交流和用户体验巧妙地融入产品之中，让使用者在与产品的互动过程中体验并理解深层的文化寓意，使用户能够更好地理解和接受产品的信息，提升用户体验。

交互设计在IP产品中的应用，首先体现在对IP内容的解构与重构上。从丰富的文化资源中提炼核心内容，以现代设计理念进行重塑，使其适应新的传播媒介和使用场景。如融合了古诗词文化的音乐盒IP产品，旋转开启的动作设计便象征着诗歌篇章的展开，流淌出的旋律则是对诗词意境的再现，用户在操作过程中自然地参与到这一交互过程中，实现与古代诗人的跨时空对话。

交互设计强调用户的参与性和体验性。通过设定各种有趣的互动环节，让用户在触摸、操控、探索IP产品时，如同置身于动态的交互世界中，通过感官的多重刺激，深入感知和理解产品背后的文化内核。如故宫推出的AR明信片，通过手机扫描即可呈现立体生动的历史画面，用户在与虚拟现实的交互中，亲历历史事件，感悟传统文化的魅力。

交互语意传达注重情感共鸣的构建。IP产品是情感寄托和价值观传递的载体，通过精心设计的交互逻辑和情感交流，IP产品能够激发用户的情感认同。以地方民俗文化为主题的IP产品，通过造型来还原传统生活场景，可以唤起人们对家乡的记忆和思念之情。IP产品也能通过微妙的动效、声音反馈甚至是拟人化的交互对话，来增强用户的沉浸感和情感连接。当用户完成一项任务时，产品还会出现褒奖的交互反馈，这种互动式的情感体验就是一种深层次的交互语意传达。

IP产品独特的IP语境和价值观也是交互语意传达的重要组成部分。通过独特的色彩搭配、字体风格、语言调性等设计元素，产品建立独特的IP识别，并将IP的内涵与精神潜移默化地传递给用户。IP产品的交互设计旨在通过创新的产品形态与功能设计引导用户主动参与，使文化内容在互动体验中生动鲜活起来，从而达到有效传播文化、提升用户体验和价值认同的目标。

IP产品设计的交互语意传达是一个系统而复杂的过程，既满足用户的基本功能需求，又注重情感体验和品牌文化的塑造。

IP产品设计的无意识语意传达

“无意识设计”这一概念是由日本著名设计师深泽直人提出的，其核心理念是将设计融入日常生活，让产品自然而然地适应人们的行为习惯和心理预期，使用户在不自觉的情况下就能轻松使用，达成与产品的无缝对接。这种设计理念在IP产品中的应用，使产品不仅具备实用功能，更成为一种无意识地传递文化和情感的媒介。IP产品以其独特的艺术性、创新性和文化内涵深受消费者喜爱，在IP产品的设计中融入无意识语意传达，进一步提升了产品的内在价值和用户体验。

IP产品设计的无意识语意传达，往往需要深入研究目标用户的日常行为模式、审美倾向及对特定文化的认知，并将这些内容巧妙地融入产品的形态、材质、颜色、纹理等细节之中。以环保为主题的IP产品，采用可循环利用的材料制成，并且设计简洁大方，使人一眼望去便能感知到绿色环保的理念，在使用者心中留下深刻印象，促使他们关注并参与到环保行动中来。

在设计实践中，无意识语意传达的核心在于本能反应、隐形逻辑、隐藏细节三个方面。IP产品设计的无意识情感语意传达需要深入研究人类行为模式和心理习惯，创造出能引发用户本能反应的产品。IP产品通过形态、色彩、触感等方式唤起人们对特定文化的记忆，让人在不自觉中感受到深厚的文化底蕴。无意识语意传达的IP产品，操作方式和使用体验往往非常直观，符合用户日常生活的逻辑和节奏，让用户无须经过复杂的思考和学习过程就能顺畅使用，从而传递出文化信息。将文化内容巧妙地融入产品的细节之中，这些细节在不经意间流露出文化韵味，使得产品成为一种无声的故事讲述者，传播IP文化价值。

当IP产品设计结合无意识语意传达时，追求的是创造一种能够自然融入用户日常生活且无须刻意学习就能使用的IP产品，这种IP产品不仅注重功能上的实用性和易用性，更强调在文化和情感层面上与用户的潜意识需求和习惯相契合。

在IP产品设计中采用无意识语意传达，旨在以最贴近人性的方式去呈现和传播IP文化，使人们在日常生活中自然而然地接触、理解和欣赏文化之美。在IP产品的无意识语意传达中，运用智慧与匠心，将文化、艺术与科技紧密结合，创造出既能满足人们日常生活需求，又能触动心灵深处的文化符号，让人们在体验中感受文化的魅力，也在无形中推动了文化的传播和发展。

IP产品设计的情感语意传达

唐纳德·A·诺曼（Donald Arthur Norman）在《情感化设计》一书中提到："产品与人建立情感的三个层次，分别为本能层、行为层和反思层。"IP产品设计的情感语意传达的目的就是让使用者能够对IP产品产生持久记忆与关注。通过IP产品的本能层语意传达、行为层语意传达和反思层语意传达，将语意通过感官刺激、行为交互、意识形态三种形式进行传达，让用户和产品发生情感连接。从情感化设计视角来分析，IP产品是"情感"与"物"相结合的具体表达，是针对IP产品所承载的文化所产生的情感选择。只有IP产品充分重视情感化语意的意义和价值，才能通过IP产品建立认同感，促进产品所承载的IP内容的传达。准确地说情感语意并不仅是一种设计方法，更是一种设计哲学。

IP产品本能层的语意传达

IP产品本能层的语意传达，主要是指该产品在设计和功能实现上，对用户最直观、最基础需求的满足与体现。这一层面的设计理念深入到IP产品的每一个细节中，如IP产品的形态设计、色彩运用、材质选择及功能等，这些都是IP产品能迅速引发用户“本能”好感的关键因素。

IP产品设计和制作过程中，本能层的语意传达至关重要。本能层的设计理念主要源自人本主义心理学家亚伯拉罕·马斯洛（Abraham H. Maslow）的需求层次理论，它强调的是产品的基本功能性和直观感受，即文创产品能否在第一时间触动消费者的感官，引发人们最直接、最原始的反应。

IP产品的形态设计是本能层语意传达的关键一环。设计师通过独特的造型语言，将文化元素以具象或抽象的形式融入产品中，使其具备艺术观赏性和实用性。如融合了中国传统剪纸艺术元素的书签，其精致的轮廓线条、生动的形象描绘，不仅让人一眼就能识别出其中蕴含的文化信息，而且凭借精巧的工艺和实用的功能，瞬间吸引消费者的目光，满足人们对美的追求和对实用价值的期待。

色彩运用也是IP产品在本能层传递语意的重要手段。颜色作为一种非言语的语言，能够激发人的各种情绪反应，唤起特定的文化记忆。红色在中国文化中象征着吉祥、热烈，因此在许多富含中国传统文化的IP产品中，红色常常被巧妙运用，以此来传达喜庆、热情的语意，同时也能快速引发消费者的文化认同感和购买欲望。

材质选择和触感体验同样是IP产品本能层语意传达不可或缺的部分。不同的材质能带来各异的视觉效果和触觉反馈，从而进一步丰富产品的语意传达。如选用天然木材制作的文具，既可以体现环保理念，又能在使用时带给用户质朴自然的触感，使人联想到古朴的文化底蕴和生活哲学。

IP产品的功能性也不能忽视。无论是日常使用的笔记本、茶具，还是装饰摆件、纪念品，都应兼具美观与实用，使人在实际使用过程中持续感知并接纳产品所承载的文化内涵，实现深层次的语意传达。

IP产品在本能层的语意传达，主要是通过形态设计、色彩运用、材质选择及功能设定等多元化的手法，让产品本身“说话”，直接触动消费者的感官，引发人们最本能的反应，进而达到传播文化、提升审美、满足需求的目的。

IP产品本能层的语意传达是通过精准把握用户的内在需求和行为习惯，以人性化的设计和卓越的技术性能，为用户提供无感而高效的使用体验，从而在最基础的层次上构建产品吸引力。

IP产品行为层的语意传达

IP产品行为层的语意传达，主要指的是在用户与IP产品互动过程中，产品功能、设计内容及用户操作所传递出的隐含或明确的意义。更具体来说，当用户点击、滑动、拖拽等操作时，产品出现界面反馈、动态效果、音效配合等反应过程，都属于行为层语意的范畴。需要通过行为交互精确传达产品的文化信息，同时也需融入IP的独特风格与个性，从而形成具有辨识度的产品语言，增强用户体验，深化IP影响力。

IP产品行为层的语意还包括了对用户习惯的理解和尊重，通过优化交互逻辑，使得产品行为模式既能满足IP追随者的期待，又能引导并适应广大用户的使用习惯，达成良好的用户体验与商业价值之间的平衡。

IP产品行为层的语意传达扮演着至关重要的角色。行为层的语意是指通过IP产品功能、使用方式，以及与用户的互动性设计来引导和影响消费者的实际行为，从而更深入地传递产品的文化价值和社会意义。

设计师在保证产品基本功能的同时，巧妙地将文化元素融入其中，使产品在满足消费者日常需求的过程中，也能传达特定的文化信息。如以古籍装帧艺术为灵感设计的笔记本，不仅提供了书写记录的功能，其独特的装订方式和封面图案也在每次翻阅时向使用者展示了中国传统书籍文化的韵味，促使人们在日常行为中潜移默化地接受文化。

使用体验是IP产品行为层语意传达的核心部分，好的IP产品会关注到每一个细节对用户体验的影响，从打开包装的一刹那，到操作、使用的全过程，都力求让消费者感受到精心设计的独特之处。如具有非遗技艺特色的陶瓷茶具，拿握的手感，泡茶的操作流程，甚至是茶汤注入杯中的瞬间声音，都是对文化内涵的细腻表达，让消费者在品茗赏器的过程中得到精神上的享受。

互动性设计是IP产品行为层语意深化的有力手段。许多成功的IP产品会在设计中加入可玩性或参与性的元素，鼓励用户主动参与到产品的故事构建和文化传承之中。如结合AR技术的古代建筑模型，用户能通过手机扫描识别出立体模型背后的历史故事和建筑结构解析，这种交互式的设计极大地增强了用户的学习兴趣和探索欲望，使得文化知识的传递更具吸引力。

IP产品的生命周期管理也是行为层语意传达的一个重要维度。从产品的生产、销售、使用，直至废弃处理，都应遵循可持续发展的原则，并在此过程中持续传递产品所承载的社会责任感和环保理念。如采用环保材料制作且易于拆解回收的IP产品，不仅在物理属性上体现了绿色生活的价值取向，同时也借助消费者选择和使用这类产品的行为，宣传和实践了环保的生活方式。

IP产品在行为层的语意传达，旨在通过强化产品功能、优化使用体验、增强互动性设计，以及贯穿生命周期的价值导向，让产品在消费者实际行为中发挥文化传播的作用，进而推动社会文化的传承与发展。

IP产品反思层的语意传达

IP产品反思层主要是在产品使用后的反思过程，对IP产品内容及使用过程的体验、回忆和思考等多维度进行探索和分析的层面。这一层面的语意传达涵盖了产品创新性、内容质量、用户体验、产品价值等多个方面。

IP产品的反思层语意传达首先是对IP内容本身的审视，包括故事内核、角色设定、文化内涵等，是否深入人心，能否引发用户的共鸣；其次，关注产品形态和功能设计是否符合用户习惯，能否最大化地展现IP价值；最后，对于IP内容的传达和维护，如何通过产品持续输出和传播IP文化及设计理念，并让消费者形成反思。

IP产品反思层的语意传达是深度挖掘和展现文化内涵的重要手段。这一层次的设计旨在通过产品的内在寓意、象征意义及引发的社会思考，触动消费者的情感深处，促使他们对自身、社会及文化的更深层次认知和反思。

IP产品在设计时常常会融入深刻的文化寓意和哲学理念，以此激活消费者的反思意识。如以古代诗词为灵感创作的艺术摆件，不仅以其精美的造型吸引眼球，更是借助诗词背后的历史故事和哲理意境，引导人们深思传统文化的精髓及其现代价值，从而实现从表象到内涵的深化理解。

IP产品还能通过象征手法表达特定的社会议题或价值观。如环保主题的IP产品，采用再生材料制作，并设计成某种濒危动物的形象，这种双重隐喻既体现了资源循环利用的环保理念，又警醒人们关注生物多样性的保护，使消费者在欣赏和使用产品的过程中，自觉地进行环境保护的行动。

IP产品通过创新性的叙事方式，讲述历史故事，唤起人们对过去的记忆、对现在的审视以及对未来的憧憬。如融合了地方特色与历史事件的创意地图，不仅能帮助用户了解地域文化变迁，更能激发他们对本土文化传承、城市化进程等问题的深入思考。

IP产品还能作为一种载体，传递和倡导一种生活态度或者人生观。具有禅意美学的IP产品，如茶具、香炉等，其简洁而富有深意的设计风格，无不透露出追求内心宁静、崇尚自然和谐的生活哲学，引导消费者在快节奏的现代生活中寻找内心的平静和精神的寄托。

IP产品在反思层的语意传达，是通过对文化符号的创新运用、对社会议题的关注反映，以及对生活哲学的深度挖掘，让产品成为连接过去与未来、传统与现代、物质与精神的桥梁，引领消费者超越表面的认知，达到对自我、社会和文化的深层次反思，从而实现IP产品作为文化传播工具的深层价值。IP产品反思层的语意传达是一种全面而深入的产品审视态度，旨在通过对产品各个层面的持续改进与优化，推动IP产品的发展与成长，实现商业价值与文化价值的最大化。

IP产品的叙事设计

“叙事”通俗地说就是讲述故事，指叙事主体借助语言、文本、声音、图像等媒介再现事件，蕴含着叙事主体的想象力与创造力。20世纪60年代以来，有关叙事的理论就以“叙事结构分析”“叙事语法”“叙事诗学”等多种名称出现于西方的文学研究与批评领域。

直至1969年，法国国立科学研究中心研究员、著名文艺理论家茨维坦·托多罗夫（Tzvetan Todorov，1939—2017）在其著作《“十日谈”语法》中正式提出“叙事学”一词，并将文学写作中的“叙事”上升到“叙事学”的高度。此后，“叙事学”成为西方学者普遍关注与讨论的范畴。

伴随研究的深入，“叙事学”也从偏重文学和历史，逐渐延伸到建筑学、教育学、社会学、设计学等诸多领域，成为一个跨学科的理论体系。法国结构主义代表人物罗兰·巴特（Roland Barthes，1915—1980）也曾指出叙事具有普遍性：“叙事遍存于一切时代、一切地方、一切社会。”

“叙事设计”是以叙事学为理论指导的一种设计方法，最早运用于建筑、室内、景观的设计中，而后延伸到视传、动画和产品等领域。“叙事设计”围绕着叙事主体“设计师”、叙事载体“产品”、叙事客体“用户”展开，作为主体的“设计师”将叙事看作一种具有“场所”意义的表达方式，实现客体用户与载体产品的深度交流，以唤起用户的心理反应并获取富于变化的情感体验。

“叙事设计”重点关注叙事内容和叙事方式两方面，叙事内容即

"讲什么故事"，是所要传达的内容信息。叙事方式即"如何讲故事"，是用来传递信息的手段。

从本质上讲，"叙事设计"以讲述故事的方式，通过对设计对象本身，以及对用户的使用行为、使用环境等因素进行重新整合与编排，形成付诸实践的一种创新性设计方法。"叙事设计"既要满足产品作为事物本体的基本功能属性，又要兼具传达文化内涵的精神属性。在经由"人"借"物"、"物"传"事"、"事"唤"情"的叙事转化过程中，设计师、产品、用户三者之间进行互动，激发了用户在使用IP产品时的感受，进而形成其对历史语境、人文精神、自我体验等方面的认知与理解。

基于"叙事设计"的IP产品，应更加注重对IP内容的挖掘以及对用户情感的引导。因此，IP产品应达成两方面的目的：第一，IP产品作为文化的显性符号，要具备文化属性及人文特点；第二，IP产品经由叙事设计的创意转化而赋予新的意义和价值，使用户产生情感共鸣，实现文化的传播。

将"叙事设计"同IP产品设计相联系，提出IP产品叙事设计方法。该方法围绕叙事主题、叙事层次、叙事情节、叙事目的四个部分展开。

IP主题是IP产品叙事设计的核心，叙事设计自始至终为主题服务。叙事主题应具备明确表述性和鲜明识别性。通过挖掘相关IP文化资源，分析目标用户的情感及需求，设定合适的叙事主题。叙事层次可分为本能叙事、行为叙事和反思叙事。本能叙事指通过对产品的形态进行设计，使用户直接地理解叙述故事；行为叙事指对产品的功能进行设计，当用户参与到操作中便体会到叙事故事；反思叙事指利用产品引发用户的思考，进而领悟叙事故事。根据受众、主题的不同，采用不同的叙事方式。叙事情节是讲述故事的框架，围绕叙事主题对IP文化元素进行提取、解构、创新，整合成具有传达功能的叙事性图像。图像化的视觉叙事能将丰富的信息内容加以整合，并建立起与主旨的关联。

根据用户在使用IP产品时的行为和需求，设计出对应的产品，通过用户对IP产品“观”和“用”的串联，完成整个叙事情节的走向。IP产品的输出使用户在使用与体验的过程中，领悟到叙事主题及文化内涵，强化对产品的价值认同，实现文化的传播与交流。

IP产品的叙事设计是极其重要而又充满挑战性的任务。不仅关系到产品的质量和销量，也影响着IP文化的传播和发展。叙事设计涉及如何利用故事讲述的形式来传达IP的内容、特性、价值观、使命等重要信息。叙事表达的方式能够为IP产品赋予更强的生命力，从而提高IP产品的趣味性。

IP产品的叙事设计是一项复杂的系统工程，需要综合考虑多个方面的因素。只有将这些因素巧妙地结合在一起，才能创造出既有趣又有深度的故事。然而，要想做好IP产品的叙事传达并不容易，需要深入理解IP的内涵，精准把握消费者的心理需求，以及灵活运用各种表现手法。只有这样，才能真正实现IP产品的叙事传达的价值和意义。

IP产品叙事设计表现手法

叙事设计是强调将故事融入IP产品的各个方面，包括外观、功能、包装、宣传等，以实现全方位的IP内容塑造。

要进行有效的叙事设计也应当注意五个方面的问题。第一，明确主题和目标。好的叙事设计需要有清晰的主题和目标，确保所有的设计元素都能够围绕主题和目标展开。第二，塑造人物形象。人物是叙事的核心要素，需要有鲜明的个性特征和人格魅力。第三，构建故事情节。故事情节是叙事的灵魂，需要具备引人入胜的情节线索、丰富的冲突和转折。第四，营造气氛和意境。色彩、音效、图像等手段可以为叙事营造出特定的气氛和意境，产生更好的沉浸体验效果。第五，交互行为的引导。多种交互方式可以引导IP产品消费者按照设计师的意图来进行操作和探索，进而完美地呈现叙事内容。

当下主流的IP产品叙事设计手法包括视觉叙事、听觉叙事和交互叙事三种。其中，视觉叙事包括文字叙事、图案叙事、造型叙事；听觉叙事包括音乐叙事、语音叙事；交互叙事包括传统交互、数字交互等内容。

视觉叙事

IP产品作为一种新兴的文化创意产品，以其独特的主题、丰富的内容和多元的形式深受大众喜爱。它将IP文化内容与IP文化的设计理念相结合，通过产品作为载体进行呈现，使人们在日常生活中就能够接触到IP文化，感受IP文化的精神内核。视觉叙事作为IP产品的关键组成部分，在传递IP文化信息的同时，也大大提升了产品的艺术性和观赏性。IP产品叙事设计的视觉叙事通过视觉元素来传达产品或服务的价值和特性，使用户能够更好地理解和接受产品的设计理念。

文字是人类最重要的交流工具之一，也是传达信息和思想最直接的方式。在IP产品的叙事设计中，文字叙事是非常重要的组成部分，文字能直接表达出产品的主题和内容。IP产品中的文字往往带有鲜明的时代特色和地方特征，如口号、诗词歌赋、名人名言等，这些文字既能直接反映IP内容，又能激发人们的文化热情和民族自豪感。文字叙事既富有感染力，又寓意深远，让人在欣赏的同时也受到了IP文化的熏陶。

图案是一种重要的视觉语言，通过直观的形象表达出特定的信息和含义，对于传达文化的象征意义和历史记忆有着重要作用。IP产品中的图案叙事主要包括对IP事件、人物、地点的描绘，以及对IP文化符号的再现。在IP产品中，图案叙事通常会运用到一些代表性的IP符号。这些图案通常具有高度的象征性和代表性，能够唤起人们对IP内容的想象，也唤起人们对IP的情感。图案不仅赋予了IP产品鲜明的文化特色，也使得IP产品更具独特的韵味。

造型是指物体的整体形状和结构。造型叙事是以实物的形式，通过造型设计和结构布局来传达信息。IP产品中的造型叙事通常表现为产品的外观、材质、结构、色彩等方面的设计叙事内容，这种方式更加立体，能带来更深层次的体验。在IP产品中，造型往往被用来塑造具有独特魅力的产品形象，从而增加产品的识别度。

IP产品通过文字叙事、图案叙事和造型叙事等多种视觉叙事方式，将IP叙事内容融入产品设计之中，将IP文化的历史记忆和社会认知转化为具体的产品形态，让用户在使用IP产品的同时也能感受到IP文化的魅力。

听觉叙事

IP产品叙事设计的听觉叙事主要包括音乐叙事和语音叙事两个方面。音乐是人类历史上最早的交流方式之一，是人类最古老的艺术形式之一，也是最直接、最深入人心的表达方式。音乐超越语言的障碍，直达人的心灵深处。通过音乐直接表达出产品的主题和内容，容易使人产生共鸣。在IP产品中，音乐叙事是一种传递IP文化信息较为有效的方式。在IP产品的叙事设计中，将音乐元素融入产品，如在产品中加装音乐播放装置，同时置入能够引起IP叙事内容联想的歌曲，能够达到产品叙事的目的。

语音叙事主要是通过语言来传达信息和情感，这是一种直接、真实的叙事方式。语音叙事通过语音的形式来讲述叙事内容，这种方式展示内容生动，更容易引起人们的注意和兴趣。在IP产品的设计中，语音叙事通常会运用到经典的IP诗词、名言警句或故事讲述语音等作为叙事内容。语音不仅能传达出IP的精神内核，也能使产品更具魅力。

IP产品叙事设计的听觉叙事是对叙事内容立体化展示的过程，需要充分考虑音乐和语音等多种因素，才能创造出既富有IP特色，又具有高度观赏性和实用性的IP产品。

交互叙事

IP产品叙事设计的交互叙事是主要是通过人与IP产品的交互过程，进行叙事传达的设计手法，当下主流的交互叙事设计包括传统交互叙事和数字交互叙事两个方面。

传统交互叙事是指通过用户的参与和互动，结合人的行为、活动等形式来传达叙事的内容。这种方式更加主动、积极、真实，更容易引发人们的参与热情，让用户在使用IP产品的过程中体验到情感上的满足，从而使用户对IP产品的认知更深。传统交互叙事通常会在IP产品的设计中融入游戏、活动等行为交互方式，让使用者高频、深入地与IP产品进行互动。传统交互叙事不仅能让用户更好地理解IP的历史背景和时代背景，也能让他们更深入地体会IP叙事的内涵和精神实质。

数字交互叙事是指在IP产品中利用数字化技术，通过多媒体、虚拟现实、增强现实等方式，通过数字化、网络化的交互来传达IP叙事内容，这种方式更加高效、便捷，更容易实现大规模的信息传递和共享，让用户在使用IP产品的过程中体验到一种沉浸式的感受，从而使用户对产品加深情感。数字化的产品和服务不仅能传达出IP叙事内容，也使得人们能在任何的时间和地点接触到IP，让用户在虚拟的世界中亲身体验IP的场景和事件，从而使用户对IP内容的理解更为生动。数字技术不仅能提供丰富、立体的信息展示，也能使产品更具有未来感和科技感。

IP产品叙事设计的交互叙事是多元与综合的过程，需要充分考虑传统交互和数字交互中的不同表现手段，创造出既富有IP叙事特色，又具有高度参与性和体验性的IP产品。

IP形象

开发IP形象的目的在于通过独立的IP项目，把无形资产变成有形资产。在迪士尼的利润中，票房只占据了较小的部分，更多的利润都来自IP衍生产品、IP授权和IP相关的产业，迪士尼已然成为一家创造和经营IP的公司。

明确的IP形象能让消费者快速建立联想和识别。相对独立于商业而存在的IP形象，本身是有温度和态度的，它更容易聚集和巩固“追随者”，为现有的业务带来更大的流量和收入。让消费者卸下心理防御，提升对产品信息的接受度，更好地促进消费者的购买意愿。

生硬地把某一产品或品牌介绍给顾客，很容易遭到拒绝。因为顾客不了解品牌，也不了解产品，与之更没有任何的情感连接。倘若换一种方式，先让顾客认识一个萌化的卡通IP形象，顾客就比较容易卸下心理防御，开启商业信息接收的通道。

有些IP形象看起来比较另类和怪异，但能够使人产生亲近感，萌生好奇心，体验到放松和惬意。IP形象的“萌”，能调动消费者的正向情绪，让消费者放下心理防备，心生愉悦，并在特定的情况下变得更有耐心。有了正向的情绪和氛围，商业效率自然也会随之得到提升，实现品牌差异化，增强消费者对品牌的好感度和销售转化率。

《卡通形象营销学》一书中，作者宋磊曾就卡通形象对消费者行为的影响进行过试验，结果证实：消费者对带有动物卡通形象的零食，比没有动物卡通形象的零食，其购买意愿要高出25%。原因很简单，卡通动物的形象通常都比较“萌”，这种特征很容易激发人类基因中懈怠的亲近感和保护欲，让弱小的生物在成人的照顾和关怀下顺利地活下来。

近几年来，国内的不少知名企业都开始认知到IP形象的重要性，也有不少企业开始使用IP形象进行营销，并打造成功的IP形象。如腾讯的超级企鹅IP形象、京东的吉祥物小狗IP形象、天猫的猫IP形象、苏宁的狮子IP形象、三只松鼠坚果品牌IP形象等。企业纷纷打造自己的IP形象，其实就是在定位上延承了品牌要传达的核心资产，不断输出和强化符合时代的观点与内容。品牌想要吸引更多的年轻人，就需要以用户喜欢的内容和方式，与之进行沟通。IP形象的打造，恰恰满足了这一需要。

因此，IP形象成为IP打造与宣传的关键因素。IP形象还有利于摆脱专业领域的限制，在不同的场景开展“多栖”玩法，嵌入消费者的生活。从IP形象延展到文化产品、实体场景、文化活动等，把IP形象深刻地融入消费者的生活中，加强企业与消费者的关系，加深消费者对企业的理解和喜爱，提升客户的体验。

第八章 IP产品设计与开发市场调研

在IP产品设计过程中，市场调研是重要环节。它旨在深入了解目标消费者的需求、喜好、行为习惯及市场竞争态势，为产品设计与开发的精准定位提供有力的数据支持和决策依据。

开发IP产品不仅是设计行为，更是一项商业行为。IP产品设计市场调研的目的是基于开发更好的、更适合市场的、更被消费者所认同的IP产品而进行的设计行为。在“泛IP”语境下IP产品设计的市场调研包括市场调研目的及其重要性、市场调研对象、市场调研方法、市场调研分析、市场调研结论、市场调研如何影响设计实践等。这些内容不仅是IP产品设计的理论研究基础，也成为对IP产品设计指引的市场准则。准确地把握市场对IP产品的需求，不仅能够为后续的设计提供翔实准确的市场数据，设计调研的结果也能为后续IP产品设计明确方向。

IP产品市场调研的目的及其重要性

为了实现IP产品可持续性增长，遵循市场发展原则是很重要的。近年来，随着我国文化产业的蓬勃发展以及消费者对个性化、品质化消费需求的提升，IP产品呈现出巨大的市场活力。

了解市场需求和用户诉求，把用户放在第一位，注重用户体验，设计符合消费者真正需求的IP产品，是IP产品开发过程中必须遵循的总原则。要遵循这个原则，必须加强对商品市场和消费者心理的研究。市场调研是IP产品设计与开发的出发点。根据消费者的消费心理和习惯，能够预见今后的市场发展需求。

成功的IP产品背后，离不开对目标消费群体需求的精准把握。在设计IP产品时，市场调研不仅有助于理解目标用户的需求和期望，还能确定产品的定位和策略。IP产品设计市场调研的目标是全面了解目标用户、竞品、市场趋势、销售渠道和营销策略以及法律法规和政策环境，从而为产品设计和开发提供科学的依据。

市场调研并不是一次性的活动，而是需要持续进行的。因为市场是动态的，只有持续的市场调研，随时调整IP产品设计与开发策略，才能使开发的IP产品始终保持竞争力。只有深入理解市场调研的重要性，掌握市场调研的方法和技术，才能够助力设计出更符合用户需求、具有市场竞争力的IP产品。

在IP产品市场调研的实际操作中，目标用户是产品的最终消费者，他们的需求和期望直接影响到产品的设计和销售。需要对目标用户进行深入的研究，了解他们的年龄、性别、职业、收入、教育背景等基本信息，以及消费习惯、兴趣爱好、价值观等深层次信息。还要针对IP的内容与目标用户对其接受度之间的关系进行调查。用户需求是IP产品设计的出发点和归宿，只有满足用户需求的产品才能获得市场的认可。因为用户需求是随着时间和环境的变化而变化的，因此，关注用户的需求变化，通过各种方式收集用户的需求信息，持续不断地进行市场调研，并及时将调研结果反馈给开发部门，不断地迭代新的IP产品。

在IP产品的市场中，竞争对手的存在是无法忽视的。他们可能已经拥有了一定的市场份额和品牌影响力，也可能正在开发类似的IP产品。对竞争对手进行详细调查和研究，了解竞争对手的产品特性、价格策略、销售渠道、营销活动等，能够制定出更有效的竞争策略。

IP产品的市场环境则包括政策环境、经济环境、社会环境、技术环境等多个方面。政策环境影响IP产品的宣传和推广，经济环境影响消费者的购买力和消费意愿，社会环境影响IP产品的接受度和口碑，技术环境影响IP产品的开发和传播方式。因此，需要对市场环境进行全面调研，以便能够把握市场的发展趋势和机遇。

对市场进行深入研究，更好地理解市场的现状和趋势，从而指导后续的设计与开发，才能创造出更符合市场需求的IP产品。

IP产品市场调研对象

IP产品市场调研的对象主要从消费者、使用者、IP关注人群、销售人群、产品开发者五个方面的人群进行介绍。

消费者

消费者是IP产品市场调研的核心对象，他们的需求、购买行为、消费习惯、满意度及忠诚度等因素直接影响产品的市场表现和生命周期。对消费者的调研，主要包括消费者的基本属性、消费者的需求分析、购买行为研究、使用体验与满意度四个方面。

消费者的基本属性：通过调研了解消费者的年龄、性别、职业、收入水平、教育程度等基本情况，这些因素会影响消费者的消费观念、购买力及对IP产品的需求偏好。

消费者的需求分析：通过深度访谈、问卷调查等方式了解消费者对于IP产品的功能需求、情感需求、价格接受度等情况。

购买行为研究：利用观察法了解消费者购买行为，包括购买频率、购买渠道、购买决策过程、影响购买的主要因素、复购意愿等。

使用体验与满意度：通过收集消费者在使用IP产品后的反馈信息，评估产品的实际效用、用户体验、售后服务等。

据此四个方面的调查结果，为后续IP产品设计与开发提供依据。

使用者

使用者主要关注的是IP产品的实用性和功能性，他们是产品功能的直接检验者。对使用者的调研包括产品使用场景及频次、用户体验评价、需求升级与变化趋势三个方面。

产品使用场景及频次：了解IP产品在何种情境下被频繁使用，哪些功能模块或特性受到使用者的青睐。

用户体验评价：深入探究使用者在操作、交互、维护等方面的真实感受，识别可能存在的问题和优化空间。

需求升级与变化趋势：观察使用者随着时间和环境变化对IP产

品新功能、新技术的期待，为产品的迭代更新提供依据。

使用者虽与消费者有所重叠，但研究侧重点有所不同。使用者主要是关注IP产品在实际使用过程中的体验，如产品的功能性、易用性、耐用性等。通过调查问卷、用户访谈、数据跟踪等方式，能获取关于IP产品使用效果的第一手资料，从而为IP产品优化提供依据。

IP关注人群

IP关注人群虽然不一定立即转化为消费者或使用者，但他们对IP的认知、喜好程度及活跃度等都会间接影响IP产品的市场潜力。对IP关注人群的调研可涵盖IP认知度与好感度、用户画像构建、对IP产品的关注与期待三个方面。

IP认知度与好感度：通过大数据分析、社交媒体监测等手段，量化评估目标IP在关注人群中的知名度、口碑及其情感倾向。

用户画像构建：揭示IP关注人群的兴趣爱好、社交网络行为特征、消费心理等，以便精准定位潜在用户群体。

对IP产品的关注与期待：了解关注人群对不同类型IP产品的接受度，以及对未来新品发布的期待点和建议。

IP关注人群是潜在消费者的重要来源，是尚未转化为购买行为的IP追随者，或者是对该IP有一定认知但还未产生购买冲动的群体。对这一群体的调研分析有助于企业提前布局，引导和培养他们的消费需求。通过社交媒体、论坛、线上线下活动等途径，收集IP关注人群的关注点、兴趣偏好、信息获取渠道，以及对IP产品的期待程度等内容，便于在IP产品设计、营销推广等方面做出有针对性的策略调整。

销售人群

销售人群包括线上线下各销售渠道的销售人员，他们的反馈有助于掌握市场动态，优化销售策略。对销售人群的调研内容包括销售业绩与产品受欢迎程度、销售过程中遇到的问题、销售建议与意见三个方面。

销售业绩与产品受欢迎程度：通过统计各类IP产品的销售数据，分析热销产品特性，找出市场需求热点。

销售过程中遇到的问题：了解销售人员在推介IP产品时遇到的障碍，如客户疑问、竞品对比情况等，以改进产品营销策略。

销售建议与意见：倾听一线销售人员对产品定价、包装、促销活动等方面的建议，结合市场实况调整销售策略。

销售人群主要指分销商、零售商、电商平台等销售渠道的从业人员，他们是连接IP产品与消费者的关键桥梁。对销售人群的调研，应侧重于其对IP产品销售状况的反馈、市场竞争态势的理解、客户反馈信息的收集，以及对未来市场趋势的预测等。也要关注销售环节中可能遇到的问题，如库存管理、物流配送、售后服务等，这些都直接影响到IP产品的市场流通效率和品牌形象。

产品开发者

作为IP产品的创造者，开发者对于产品的技术实现、设计理念、未来规划有着深刻的理解。对产品开发者的调研集中在技术创新与难点突破、设计理念与用户导向、市场反馈与产品迭代计划三个方面。

技术创新与难点突破：探讨IP产品在研发过程中遇到的技术挑战、解决方案及未来的创新方向。

设计理念与用户导向：了解产品开发者如何将IP内涵融入产品设计中，以及在用户体验、人性化设计方面的考量。

市场反馈与产品迭代计划：获取开发者针对市场销售结果的反馈，以及产品后续版本的优化方案和新功能开发规划。

产品开发者作为IP产品的创造者和创新源头，他们的研发理念、技术水平、创新能力以及对市场需求的洞察力，均对IP产品的生命力和竞争力有着决定性的影响。在市场调研过程中，要深入了解产品开发团队的研发能力、项目经验、资源调配，以及对IP价值挖掘、产品线规划、跨界合作等方面的见解和计划。鼓励开发者分享对市场动态、竞品分析、技术发展趋势等方面的观察与思考，共同探讨提升IP产品的核心竞争力和市场适应性的策略。

对IP产品市场进行全方位、多层次的调研，需要覆盖消费者、使用者、IP关注人群、销售人群和产品开发者等多个维度，通过对以上五个层面人群的全方位市场调研，可以全面洞察IP产品市场需求，为科学有效地制定IP产品研发、市场营销及服务策略，提供有力的数据引导，推动IP产品在市场中的竞争力和可持续发展能力。

IP产品市场调查方法

在进行市场调研时需要使用科学的调查方法。掌握正确的市场调查方法能高效地完成市场调研工作，对IP产品的市场调查方法介绍主要关注于IP产品调查应用，其中包括数据收集法、问卷调查法、访谈法三种方法。

数据收集法

在IP产品市场调查过程中，数据收集法是极为有效的方法，它能清楚了解到产品的定位、产品功能设定、用户体验设计等内容。通过科学而全面的数据收集和分析，设计师能更好地理解用户需求，从而创造出更具竞争力和商业价值的IP产品。

数据收集法启动之前要先明确数据收集范围，清晰地定义数据收集的目标。针对IP本身，应收集其文化内涵、故事背景、受众接受度等相关信息。

数据收集法应采用多元化数据来源，主要是通过数据平台与报告、线上行为数据、内部资源等方面的数据收集来实现。数据平台与报告是利用各类大数据分析工具、公开的行业报告、权威的研究机构发布的数据资源，获取宏观的市场趋势、竞争格局及细分领域的详细数据。线上行为数据是从社交媒体、论坛、电商平台等网络渠道收集用户的在线行为数据，包括搜索关键词、浏览记录、购买行为等，以揭示用户的隐性需求和使用场景。而相关的内部资源则是从企业内部的历史销售数据、客户反馈、售后评价等资料着手，帮助了解产品在实际运营中的表现和改进空间。

数据收集法在IP产品设计研究中扮演着“导航灯”的角色，为后续系统性的数据挖掘和严谨的分析工作提供支撑。帮助设计师精准把握市场需求，进而打造出深受用户喜爱、具有持久生命力的IP产品。

问卷调查法

问卷调查法在IP产品的市场调查中是一种常用且有效的用户研究方法，该方法通过问卷的形式来了解和收集目标用户对IP产品的需求、期望、满意度及使用习惯等信息。其具体步骤和内容包括确定调研目标、设计问卷、发放问卷、数据整理、数据分析、结果反馈与应用六个方面。

首先明确进行问卷调查的目的，比如了解用户对IP产品的认知度、接受度，收集用户对新产品功能的需求，或者是评估现有产品的满意度等。

随后根据调研目标设计问卷，主要包括以下几类问题：

定量问题：如选择题、评分题，可以量化用户对特定属性或特性的评价，例如“您对本IP产品的整体满意度打几分?”

定性问题：如开放性问题，能深入了解用户的主观感受和深度需求，例如“您希望在IP产品中看到哪些新的元素或功能?”

基本信息问题：如性别、年龄、职业等，以便分析不同用户群体的需求差异。

通过线上（如邮件、社交媒体、专业调查网站）或线下（如活动现场、实体店）等多种渠道发放问卷，确保样本具有代表性。接下来在回收问卷后，进行数据整理，剔除无效问卷，将有效数据录入数据库，并运用统计学方法对收集的数据进行分析，找出用户需求的关键点、痛点及潜在的机会点，为IP产品的优化和创新提供决策依据。

问卷调查法是IP产品设计中不可或缺的一环，它能够帮助设计者从用户角度出发，更好地理解并满足市场需求，从而提升产品的市场竞争力。

访谈法

IP产品市场调查中的市场访谈法是一种通过直接与目标用户、潜在消费者或行业专家进行深度交谈，以获取有关IP产品市场需求、功能偏好、审美趋向、购买意愿及使用体验等方面一手数据的重要研究手段。这种方法在IP产品设计初期阶段特别有价值，因为它能帮助设计团队了解并定位产品的核心价值、品牌故事及用户体验需求。

在IP产品设计中实施市场访谈法的基本步骤包括明确调研目的、设计访谈提纲、选择访谈对象、执行访谈、记录和分析数据、形成建议六个方面的内容。

明确访谈是为了探索用户对于IP的认知程度、情感联系、期望的产品类型及功能特征等。虽然访谈方式允许一定程度上的自由讨论，但通常访谈会围绕预设的核心议题进行，确保收集的信息具有针对性。提问涵盖对现有IP产品的评价、改进意见、新IP产品接受度预测等方面。

根据IP产品特性，确定合适的访谈群体。如忠实追随者、潜在消费人群、行业意见领袖等。访谈采用面对面访谈、电话访谈、视频会议访谈或者焦点小组讨论等方式。访谈过程中主持人应具备良好的引导能力和倾听技巧，鼓励受访者充分表达观点。访谈过程应详细记录，包括文字记录、录音录像等，以便后期整理分析。数据分析时关注主题出现频率、共识性观点、创新建议等内容，提炼关键洞察点。

结合访谈结果，提出IP产品设计的方向、元素选取、功能设置等具体策略。基于访谈结果初步设计后，可能还需要进一步通过原型测试、概念验证等手段来验证设计决策的有效性和可行性。

通过市场访谈调研，设计团队能够在IP产品开发前期充分把握市场需求，从而提高最终产品的市场适应性和接受度。这种方法也能够帮助发掘新的创意点和竞争优势，推动产品的差异化和个性化发展。

IP产品市场调研分析

为确保得到的数据准确可靠，还需要对数据进行严谨的分析，以便能够从数据中提取出有价值的信息。掌握正确的市场调研分析能高效地完成市场调研工作。

整理与分析资料过程是将收集来的庞杂且零散的信息进行系统的梳理和深入的分析。运用定量研究方法，如统计分析、聚类分析等，量化用户需求和行为特征。采用定性研究方法，如内容分析、主题建模等，挖掘用户的情感诉求和价值观。通过对数据的解读，形成IP产品设计的洞察和策略。

通过收集和整理相关数据，评估当前市场的总体规模，包括总销售额、用户数量等，并预测未来的增长趋势和潜在的市场规模。研究消费者的购买习惯、消费偏好、购买动机、品牌认知度、产品满意度、价格敏感度等，以理解消费者需求并发掘新的市场机会。梳理市场竞争格局，对主要竞争对手进行深度剖析，包括市场份额、产品特性、定价策略、营销活动、竞争优势及劣势等，以便找准自身定位并制定有效的竞争策略。根据消费者的特征、需求差异性等将市场细分为不同的群体，并对每个细分市场的需求特点、发展潜力进行深入研究。关注行业政策变化、技术发展、社会文化变迁等外部环境因素，预测未来可能影响消费市场的新趋势或变化。基于以上分析结果，提出符合市场需求的IP产品设计、定价、推广等方面的策略建议，帮助企业优化资源配置，提升市场竞争力。

对IP产品的市场调研分析方法主要包括市场分析法、分类比较分析法、数据分析法、案例分析法等多种方法。消费市场调研分析是一个系统性的过程，旨在为IP产品设计与开发的决策提供翔实的数据支持和科学的理论依据。

市场分析法

市场分析法是IP产品市场调查中不可或缺的重要环节，它通过对市场需求、用户行为、竞争对手状况，以及行业发展趋势的深入研究，为IP产品的市场定位、功能设计、营销策略等提供科学依据和决策指导。

在IP产品设计之初，需要通过市场分析来明确目标市场和核心用户群体。需要深入挖掘潜在的市场需求，理解用户在使用相关产品时的核心痛点和期望需求。竞品分析是市场分析法中的重要组成部分，旨在通过研究市场上已有的同类或相似产品，找出自身产品的竞争优势和改进方向。竞品分析通常涉及产品功能对比、用户体验评价、商业模式探究、市场占有率分析等多个维度，以便借鉴成功经验，规避不必要的问题，同时创新突破，打造具有差异化竞争力的产品。

基于各项市场分析的结果，能更准确地定位IP产品，确定功能特色、定价策略、推广渠道等关键要素。如果市场分析结果显示目标用户对高品质、个性化定制的IP产品有强烈需求，那么在设计过程中就应注重产品的质量和独特性。

市场分析法在IP产品设计中起到了指明方向、规避风险、提升竞争力的关键作用。只有深入了解并合理运用市场分析法，才能确保IP产品设计既符合市场需求，又充分发挥IP价值。

分类比较分析法

市场调研分析中的分类比较分析法，是一种通过对不同类型的

IP产品进行系统梳理、分析、比较，提炼IP产品设计共性与个性特点的方法，从而指导创新设计具有独特文化内涵和市场价值的IP产品。

按照一定的标准对IP产品进行科学分类，并在此基础上进行深入的对比分析。这种方法旨在通过比较各类型产品的设计理念、表现形式、材质工艺、功能特性、文化元素融入程度等，挖掘潜在的设计创新点，以满足消费者的不同需求。

IP产品分类比较分析法首先根据IP产品的主题内容、风格特征、使用场景、目标群体等维度进行细致分类。然后进行深度剖析，针对每一类产品，详细研究设计理念、造型特点、工艺技术、IP内容融合等方面的特性，同时收集并整理该类别的成功案例，深入了解市场反馈及用户需求。在同类产品中寻找共性和异性，如同一主题下不同地区IP产品的表达方式的异同，或同一材质工艺下不同产品形态的设计思路演变。通过对比分析，明确各类别产品的优势和不足，以及各自独特的创新点和发展趋势。最后基于以上分类和比较的结果，借鉴成功案例的优点，结合自身创意和市场需求，进行跨类别、跨领域的融合创新。

分类比较分析法作为一种有效的IP产品市场调研分析方法，能够横向对比市场上现有产品的优势与不足。通过分析总结优势，将其应用于指导新开发的IP产品，能帮助设计师开阔视野，打破固有思维模式，实现设计资源的有效整合和优化配置，进而推动IP产品设计的创新发展。

数据分析法

数据分析法是一种科学且精准的调研分析方法，数据分析能让IP产品开发团队更好地理解市场需求、把握消费者心理、优化产品定位，从而创造出更符合市场期待、更具竞争力的IP产品。

通过收集和分析数据，可以了解当前IP产品市场的总体趋势以及消费群体的关注点。对各类电商平台上的IP产品销售数据进行挖掘，能够发现不同类型、风格或主题IP产品的受欢迎程度。通过对社交媒体上的热门话题、用户讨论等进行文本分析，可以洞察消费者对于特定IP内容的文化符号或历史故事的情感倾向和接受程度。

进一步运用数据分析法，细化并精确描绘出IP产品的目标消费群体特征，如年龄分布、性别比例、教育背景、兴趣偏好、消费习惯等，以便为不同群体量身定制符合其审美需求和情感诉求的IP产品。

在竞品分析与差异化设计中，对比市场上同类型或同主题的IP产品数据，找出自身产品在功能、材质、价格、设计风格等方面的竞争优势和改进空间，以实现产品差异化。从销售数据、用户评价等方面入手，识别竞品的优点和不足，结合自身资源和创新能力，设计出既满足消费者期望又具备独特创新性的IP产品。

数据分析法还能够应用在IP产品设计完成后，通过小范围试销、用户体验反馈等方式收集数据，对产品的市场反响、用户满意度、购买转化率等关键指标进行量化分析，有助于及时调整优化IP产品设计方案。若数据显示IP产品的设计美感得到高度认可，但实际销售情况并不理想，就需深入探究原因，并据此做出针对性改进。

数据分析法作为一种重要的IP产品设计方法，旨在让设计过程更加理性、科学和高效，这使得IP产品不仅能承载丰富的文化内涵，更能贴近市场和消费者的实际需求，从而实现商业价值和文化价值的双重提升。

案例分析法

IP产品的市场案例分析法，是一种通过研究和解析已有的成功或失败的IP产品设计案例，来获取市场趋势、用户需求、设计策略、商业模式等关键信息，从而指导新产品设计的方法。

明确要通过案例分析了解和解决的问题，如IP形象如何与产品有效结合，IP产品如何进行市场定位，或者IP产品的生命周期管理等。选取具有代表性和启示性的IP产品设计案例，包括成功的典范和失败的教训。详细收集并梳理案例的背景信息、设计思路、实现过程、市场反馈及最终效果等数据。从产品设计、用户体验、市场营销、商业模式等多个维度深入分析。通过对案例的系统分析，提炼出影响IP产品设计成功与否的关键因素，如IP的影响力、产品设计的独特性、市场需求契合度、销售渠道选择等。将多个案例进行对比研究，找出共性和异性，总结出适用于新IP产品设计的普适原则和策略。基于以上研究结果，对新的IP产品设计提出建设性的意见和建议，帮助企业在实际操作中规避风险。

市场调研结论

市场调研结论是指导产品开发的重要环节，对产品的设计、定位、营销策略及最终的市场表现有着深远的影响。通过对消费者的需求、喜好、购买习惯、支付能力等多维度数据进行深入研究和分析，了解目标用户的核心需求和潜在需求，从而指导产品的设计与优化。

市场调研结论对于产品的推广策略和品牌建设同样具有指导意义。通过深入了解消费者的心理诉求、价值观念及接受信息的方式，能够策划出更具针对性和吸引力的广告宣传与营销活动，有效提升品牌形象和市场认知度。

在进行IP产品市场调研结论的撰写过程中，应全面、准确、客观地反映调研数据及当下需要注意的问题，概述当前IP产品的市场规模，包括总体量、增长速度等，并结合行业发展趋势和消费者需求预测未来的市场潜力。列举主要竞品及其市场表现，对比分析各自的优势和不足，明确自身IP产品在市场竞争中的位置。基于调研结果，详细描绘目标用户的年龄、性别、消费习惯、兴趣偏好等特征，以及他们对IP产品的需求特点和接受程度。阐述用户对于IP产品的核心需求，提炼目前市场上的主要痛点，为IP产品研发和优化提供方向。根据数据分析，确定或调整IP产品的定位策略，同时指出市场空白点或者潜在的增长机会。基于市场反馈和用户行为，提出符合IP特性和市场趋势的营销推广策略及渠道选择。识别并评估可能影响IP产品市场表现的风险因素，如政策变动、市场饱和度、用户口味变化等。

调研总结报告不仅要翔实呈现调研数据，更要深入分析形成有针对性的战略建议，以助力企业制定更为精准的IP产品开发和市场营销方案。

市场调研的结论实质上构成了产品开发的基石，它从源头上决定了产品的形态、性能、价格、销售渠道乃至整个市场营销策略，对产品能否成功打入市场并取得良好业绩起着决定性作用。因此，必须高度重视市场调研工作，确保产品开发始终围绕市场需求展开。

市场调研如何影响设计实践

IP产品设计是基于市场调研的结果而开展的，强调通过实际操作来推动创新与优化，也是IP产品中以产出目标为导向的一种方法。这种方法不仅涵盖了对文化内涵的深度挖掘，还包括了对用户体验及产品功能性的全方位考量。

在充分理解目标用户群体的生活方式、审美倾向、消费习惯后，准确地定位IP产品的功能属性、美学表达及情感价值，确保设计出的产品既能承载丰富的文化内涵，又能满足用户的实用需求和情感诉求。

设计实践基于对IP文化内容创意资源的深入理解和挖掘，因此还需要对目标IP进行详尽的调研和分析，包括历史背景、艺术风格、地域特色、民俗风情等多元化的IP内容，以此为基础，提炼出具有代表性和独特性的IP符号或主题，将其巧妙地融入产品的设计之中。

设计实践倡导“试错”与“迭代”的理念，即通过原型制作、样品测试、反馈收集等一系列循环过程，不断优化和完善设计方案。通过产品实物模型，观察其在真实环境下的表现，听取各类用户的意见和建议，然后根据反馈调整设计思路，直至达到最佳的设计效果。

IP产品设计实践要求，在深挖IP内容的基础上，紧密围绕用户和市场的需求，通过不断地调研、分析、总结、实践探索，不断地迭代优化，打造既能展现文化精髓，又符合市场需求、具有良好用户体验的IP产品。

第九章
“泛IP”语境下IP产品的设计与开发

产品的设计与开发是指产品从最初的概念到最终上市销售过程中所经历的一系列环节。这些环节不仅是产品开发过程的展示，还关系到产品市场销售的成败。IP产品设计与开发是一个复杂的过程，也是一个系统性的工程，只有做好每一个环节的工作，才能使IP产品在市场上取得成功。

“泛IP”语境下IP产品的设计与开发，注重IP内容的融入、IP产品创意的表现等多个方面，包括IP产品消费人群定位、IP主题内容选定、IP产品类型选择、IP主题内容与产品融合设计、IP产品创意设计构思与表现、IP产品设计审核、IP产品生产制造、IP产品营销等问题，探讨爆款IP产品开发中所需要注意的问题。通过“泛IP”语境下IP产品设计与开发的介绍，展示IP产品设计从初期的概念到最终上市销售过程中所经历的不同环节，并探讨不同环节中IP产品设计与开发应注意的问题。

IP产品设计与开发具体流程

IP产品的设计与开发是一个复杂的过程，涉及多个环节和步骤。在这个过程中，需要考虑IP产品消费人群定位、IP主题内容选定、IP产品类型选择、IP主题内容与产品融合设计、IP产品创意设计构思与表现、IP产品设计审核、IP产品生产制造、IP产品营销、爆款IP产品开发策略等内容。

以IP赋能为导向的IP产品设计与开发注重对IP的选择。以IP文化宣传为导向的IP产品设计与开发注重对产品类别的选定。这两种类型的IP产品的差异也使得设计与开发的起点不尽相同。

在设计IP产品之前，需要明确消费人群。对消费人群的定位准则，应超越一般产品设计的要求。IP主题直接决定了IP产品的内容和形式，要根据市场潜力、受众群体、文化背景等因素，选择对应的IP主题，以确保IP产品的成功。而产品类别的选择，是IP与产品之间契合性设计原则的重要体现，应考虑IP的特点和优势，以及目标市场的消费需求和习惯。

IP产品设计是创新和创造的过程，需要具有较强的想象力和创造力，将IP内容融入产品中，使其具有独特的个性和魅力。在设计开发中最为核心的进程就是IP产品的设计。

IP产品的加工制作阶段则是将设计好的产品图纸转化为实物，使之成为消费者直接购买和使用的商品。在这个过程中，需要考虑生产技术、材料选择、质量控制等因素，以确保产品的质量和性能。完成IP产品设计进行生产制作时同步进行的就是产品的营销宣传，这一阶段的目标是提高IP产品的知名度、吸引消费者的注意和激发消费者的兴趣。通过有效的营销宣传，能使IP产品在市场上获得更大的成功。

IP产品设计与开发是系统全面的过程，需要具备丰富的知识和技能，以及敏锐的洞察力和创新能力。

IP产品消费人群定位

IP产品消费人群的定位直接影响到产品的设计理念、功能设定、市场推广策略及最终的商业成功。IP产品是基于特定文化IP内容而开发的物品，而这些内容都有其对应的接受人群。

IP产品消费人群的定位需要深入研究IP本身的文化属性和价值观。如IP源自一部面向儿童的动画片，则其核心消费人群定位应为儿童及其家长，产品设计须注重安全性、教育性和趣味性。而源自一款流行游戏的IP，则目标消费者更可能为年轻一代的游戏爱好者人群。

产品设计需要注重创新性、个性化和体验感。应针对不同消费群体的生活方式、消费习惯、审美偏好等因素进行详细分析。具有一定经济能力且追求品质生活的都市白领群体会对带有高端、时尚、独特设计理念的IP联名款商品感兴趣。而热衷于二次元文化的Z世代群体，则更关注IP产品的稀缺性、独特性和社交价值。

精准的消费人群定位还要求结合市场趋势与潜在需求。随着消费升级和细分市场的崛起，IP产品不仅限于实物商品，还能拓展至各类服务领域，如主题乐园、线上课程、线下活动等，都需要根据目标消费人群的需求特点来量身定制。

通过多元化的渠道和方式，将符合目标人群特征和需求的IP产品信息精准推送，可以提升产品认知度和用户黏性，实现从IP追随者向忠实产品消费者的转化。

IP主题内容选定

在IP产品设计与开发流程中，IP主题内容选定不仅关系到产品的视觉呈现、情感连接，更关乎IP产品的市场定位与价值传播。

IP主题的选择应基于对目标用户群体的深入理解。需要研究并确定目标用户的年龄层次、兴趣偏好、消费习惯等特征，选取能够引起他们共鸣和喜爱的IP内容。针对年轻消费者，选择流行的动漫、电影、游戏等IP；而对于儿童市场，则可使用卡通形象或者童话故事类IP。IP主题要与产品功能、特性及品牌形象紧密贴合。通过提炼IP的核心价值与精神内核，并将其巧妙地融入产品设计，可以使产品在实现基础功能的同时，承载更深层次的情感价值和文化内涵。如将科技产品的创新特质与科幻电影IP相结合，提升产品的未来感和科技感。将传统元素应用于食品或生活用品之中，能提升产品文化气息，带给产品文化附加价值。

合法合规使用IP是设计过程中不可忽视的一环。在选定IP主题后，必须取得该IP所有者的授权许可，避免侵犯知识产权带来的法律风险。选定的IP主题还应具备一定的持久生命力和市场潜力。优秀的IP往往能历经时间考验，持续吸引和累积追随者，从而为相关产品带来长期稳定的市场关注。

IP主题内容的选定是一个重要的环节，也是一个系统性的工作，需要整合市场分析、用户洞察、品牌策略、设计理念及法律法规等多个维度的考量，只有充分理解和把握这些要素，才能确保所选IP主题既能有效提升产品的市场竞争力，成功传达出独特的品牌理念与价值主张。并不是所有的IP内容都适合开发IP产品，只有那些带有正能量、能够体现积极心态、带给人愉悦、带来幸福生活向往的IP才更适合开发成为IP产品。这样的IP产品才能够产生IP赋能效果，达到文化宣传的目的，实现促进社会文化发展的目标。

IP产品类型选择

IP产品类型选择是IP产品设计与开发的关键，直接影响到产品的市场定位、功能实现及最终的商业效果。IP产品类型的选择主要以IP产品设计的应用形式来确定，包括IP周边衍生产品设计和文创产品设计两大类。按照产品的使用类型，还可分为生活日用品、食品、服装、玩具、体育运动产品、装饰艺术品、包装、快消品等。进行实物商品的设计与开发需要充分理解和挖掘IP的核心价值与文化内涵，需要通过创意设计将IP内容巧妙地融入产品之中，以满足追随者群体的情感诉求和收藏欲望。

在设计过程中应根据IP主题选择不同形式的产品种类。首先要深入理解IP的本质内涵，包括IP的故事背景、角色设定、视觉风格、核心价值观等。如果是基于动漫IP，就要研究其人物性格、故事线和视觉美学。明确IP产品面向的目标消费者群体，分析消费者年龄层次、性别、兴趣爱好及购买力等因素，以便设计出符合市场需求的产品形态。根据IP主题和特性，设想产品在实际生活中可能的应用场景，如日常用品、家居装饰、玩具、服饰、文具、数码周边、食品包装等。结合IP元素与产品功能进行创新设计，使产品在具备实用价值的同时，体现IP的独特魅力。如将卡通形象融入儿童背包的设计中，或者在电子产品上采用IP主题的定制外观和界面设计。若IP带有深厚的文化底蕴，应确保产品设计能够传递这种文化价值，选择适合展现文化特色的载体作为IP产品设计与开发的对象。考虑到IP产业链条的完整性，可从授权合作商中选取能最大化IP价值的品类进行设计。

在设计阶段需要评估不同产品形式的生产成本和预期市场接受度，确保最终产品能够在价格、质量和销售利润之间取得平衡。设计IP产品时要综合运用品牌策略、市场调研、设计创新和商业运营等多个维度的知识来选择最合适的产品种类，确保IP价值得以有效延伸和最大化利用。

在IP产品设计中选择合适的产品类型，需要充分考虑市场需求、目标受众、IP特性、技术可行性及商业模式等多个因素，力求在保护和发扬IP价值的同时，创造出具有市场竞争力和独特魅力的产品。随着IP产业的发展与消费升级，IP产品设计的类型也会更加丰富和多元化。

IP主题内容与产品融合设计

在IP产品设计中，将IP主题内容与产品进行深度融合是一项至关重要的工作。IP内容与产品融合设计主要包括理解IP内容价值、明确产品定位、IP内容提取与转化、产品功能与体验融合、持续创新与迭代五部分内容。

深入剖析IP的核心主题、故事背景、角色设定及其所承载的文化象征或情感共鸣点，这是IP与产品融合的基础。动漫IP鲜明的角色形象、独特的世界观及深入人心的故事线都能提炼并融入产品设计的重要元素。

结合IP特性和市场需求，明确产品的功能定位和目标用户群。如面向儿童市场的产品，应从IP的趣味性、教育性元素出发。若是针对年轻人，则可挖掘IP的潮流、个性特点。

基于对IP和产品的理解，需要巧妙地提取IP中的角色造型、色彩搭配、图案纹理等视觉元素。还要关注关键情节、经典台词等故事和情感内容，并通过创新的方式将其转化为符合产品形态的设计语言。将IP角色的形象作为产品外观设计的主要元素，或将故事情节以插画等形式体现在产品细节上。还能够通过叙事设计的手法进行IP内容表现。

除了视觉层面的融合，更高级别的融合是将IP主题内容与产品的功能性、用户交互体验相结合。开发与IP内容相关的互动产品，设计贴合IP世界观的生活用品，可以使用户在使用过程中产生强烈的代入感和沉浸式体验。

IP产品设计并非一次性完成，而是要根据IP内容的更新、市场反馈及技术进步等因素，不断调整优化，实现IP与产品的动态整合，让IP的生命力在产品中得到延续和升华。

IP与产品设计的融合是一项系统工程，需要深度挖掘IP内涵，精准把握产品特性，通过特定的设计手法将两者有机结合，才能创造出既能展现IP魅力又能满足用户需求的独特产品。

IP产品创意设计构思与表现

IP产品设计是将IP内容利用产品的形式进行表现的过程，其中

IP产品创意设计构思与表现扮演着至关重要的角色。

在创意设计构思阶段，需要深入理解和挖掘IP的核心价值，包括IP的故事背景、人物性格、视觉元素等内容价值。如带有具体角色形象的故事型IP，IP产品设计的创意构思与表现常常使用提炼主角的形象特征、故事主题展示、世界观设定及表现等综合手法。还应考虑目标用户群体的需求和喜好，以确保IP产品既符合IP调性，又能引发消费者的购买欲望。对于传统文化类IP，则需要通过叙事设计来让消费者认知和理解文化内涵，最终实现文化宣传的目标。

IP产品设计的创意表现手法至关重要。在产品设计中常通过图形、色彩、材质、造型、交互叙事等多种方式来展现IP的独特魅力。采用IP角色的经典配色和标志性图案进行外观设计，或者结合IP故事线索设计产品的功能和使用体验。还能通过动态视觉、声音效果等方式增强IP的立体感和沉浸感。

IP产品设计的创意往往通过跨传统边界来实现跨领域、跨媒介的融合创新。如将电影IP中的科幻元素融入产品设计，将文学IP的情节转化为桌游规则。通过打破常规思维方式，创造出令人耳目一新的产品体验。

IP产品设计的创意构思与表现应关注可持续性和商业价值。不仅要在艺术表现上追求极致，还要考虑到产品生产的可行性、成本控制及市场接受度，力求在美学、技术、经济三方面取得平衡，从而实现IP价值的最大化。

IP产品设计的创意构思与表现是一个系统而复杂的过程，既需要深度理解IP内涵，也需要灵活运用各种设计语言和技术手段，在满足消费者需求的同时，实现IP商业价值和社会价值的双重提升。

IP产品设计审核

IP内容提供方应该成为IP产品开发的第一责任人。IP产品开发从概念提出到商品最终推向市场都需要IP内容提供方的参与。对于合作开发的IP产品或授权开发的IP产品，特别是敏感主题的IP产品开发，更应该强调对文化宣传的正确引导，建议组建IP产品开发论证委员会和IP产品项目合作审核委员会。在IP产品开发过程中应论证产品是否存在IP文化中关于知识性、常识性、导向性的错误，保证IP产品内容传达的正确性和精准性，确保IP产品对IP文化宣传不会出现误读和宣传方向的错位。除了要避免民众对IP产品的误读，还应避免因IP文化宣传的错误引导而让消费者陷入曼德拉效应（The Mandela Effect）的陷阱。

IP内容提供方应坚持自主开发及以其为主导的合作开发机制，避免因授权开发监管不力而产生的文化宣传错位。中国人民革命军事博物馆就专门成立了IP产品项目开发的审核委员会，由馆内的专业权威担当顾问，全程加入博物馆IP产品开发活动，为IP产品文化宣传保驾护航。IP产品的论证审核不仅是对社会负责，也是对IP文化内容的担当。

IP产品设计的审核涵盖了从创新性、实用性和技术实现，到用户体验、法律合规性、商业策略乃至产品生命周期管理等多个维度，旨在通过严谨细致的审核流程，提升IP产品的品质与市场表现，最终推动IP产品实现可持续发展。

IP产品生产制造

在产品设计阶段就需要充分考虑产品的可制造性，确保设计方案既能满足功能需求和创新要求，又能方便生产制造，降低工艺难度和成本。IP产品的结构设计应尽量简洁高效，减少零部件数量，便于组装，还要考虑材料的选择和处理方式，确保其能满足生产工艺要求。

引入精益生产理念，消除生产过程中的浪费，提升生产效率。通过合理的生产安排和流程优化，缩短物料流动时间和等待时间，提高设备利用率。运用先进的生产设备和技术，提升加工精度和稳定性。

IP产品，往往涉及复杂的供应链协作。因此，需要有效整合供应商资源，确保零部件质量和供应稳定，同时加强与合作伙伴的信息共享，实现从研发设计到生产制造的无缝对接。

由于IP产品大多是小批量生产，面对市场需求的快速变化，产品应具备灵活高效的生产系统，确保能够根据单量的大小或产品更新换代的需求，迅速调整生产计划和产能，实现小批量多品种的柔性生产。

在IP产品设计与开发中对生产制造的把控，不仅要有精细的设计、严谨的质量管理、高效的生产组织，还涉及供应链协同、环保责任及市场反应速度等多个维度。确保IP产品成功落地，并赢得市场。

随着IP内容的更新迭代，IP产品的生产制造也需要适时调整和升级，保持对市场的迅速反应，从而提升IP产品的新鲜感和竞争力。

IP产品营销

在IP产品设计中，营销环节是决定产品能否成功触达目标市场并实现商业价值的关键步骤。在“内容为王”的时代，优质的IP已经成为了一种重要的商业资产。许多公司都开始将IP产品设计理念融入产品开发和市场营销中，以创造更高的商业价值。对于IP产品来说，其独特的文化属性和情感连接，使得营销策略更需要定位精准。

虽然IP本身已具有了一定的营销优势，如话题性、流量性、内容性等，但还是需要通过产品营销来持续地保持这些优势。因此，深度挖掘IP价值，并通过创新方式有效推广，成为IP产品营销中的重要问题。

IP产品的营销要求突出IP内容宣传，体现对消费者的共情。基于IP的特性，其背后往往蕴含着丰富的故事情节和鲜明的人物形象。在营销过程中，应充分利用这些内容，通过多元化的媒体渠道，宣传并打造深入人心的IP形象，引发用户的认同，从而提升IP产品的影响力。

设计阶段需要对目标市场进行深入研究，理解潜在消费者的需求、喜好以及消费习惯，确保IP产品既能满足市场需求，又能体现IP的独特魅力。针对不同用户群体，制定个性化的营销策略。

销售渠道的选择与拓展是IP产品营销中必须考虑的重要因素。灵活运用线上线下相结合的方式，既拓宽了销售渠道，又提升了IP产品的曝光度和购买便利性。

有效的IP产品定价策略和促销手段同样重要。价格应合理反映

IP产品的价值，也须兼顾市场接受度和竞争态势。适时推出限定版、预售优惠、会员专享等活动，能有效刺激消费需求，提高销售业绩。

在IP产品设计中，营销环节不仅要深度挖掘IP内涵，精准定位目标用户，还要注重构建全方位、立体化的营销网络，创新销售模式，最大化IP产品的市场价值和商业潜力。

IP产品的营销是一个系统的过程，它将具有独特文化价值、故事背景或品牌识别度的创意内容转化为商品和服务，并通过一系列策略推广给目标消费者。做好IP产品的营销，不仅要求有独特的创意和优质的产品，还需要一套全方位、多层次的战略布局和执行方案。

爆款IP产品开发

爆款IP产品是指基于某一具有极高人气和广泛影响力的IP所开发出来的产品，这些产品在市场上能够迅速获得消费者的热烈追捧，形成热销甚至供不应求的现象。爆款IP产品不仅具备独特且深入人心的形象、故事或概念，而且通过有效的市场营销与品牌建设，能在目标消费群体中引发大规模的讨论、分享和购买行为。

想要开发爆款IP产品，必须深入了解IP的本质和价值。IP不仅是商标或版权，还代表了品牌的形象、文化观和价值观。好的IP能够引起大家的共鸣，从而吸引消费者购买相关的IP产品。因此，在设计IP产品时，首先要明确IP的核心价值，并确保产品与IP相契合。找准目标市场和消费者需求。IP的知名度与美誉度对爆款IP产品设计与开发的成败往往起到关键的作用。

除了IP本身的价值，产品质量和创新设计也是决定爆款IP产品成功与否的关键因素。只有高质量的产品才能赢得消费者的信任和支持，而创新则能为产品注入活力，使其在市场上脱颖而出。

IP产品还需要运用有效的营销策略，包括选择合适的销售渠道、制定合理的定价策略、进行精准的广告宣传等。应通过多种营销手段来扩大IP的影响范围，提高产品的知名度。

从实践的角度来说，确定适合市场定位和品牌战略的独特IP资源，通过利用热门IP、成名IP或大众认知度高的IP，来开发高质量且多样化的IP产品。确保产品设计既体现IP的核心价值，又符合市场需求和消费者审美，或者采用与其他知名品牌或企业进行跨界合作的方式，共享双方的品牌效应和受众群体。明确IP产品的目标消费群体，了解其兴趣偏好和购买习惯，针对不同群体制定相应的产品线和营销活动。利用IP背后的故事进行内容创作，通过社交媒体、短视频平台、线下活动等多种渠道讲述IP故事，增强消费者对IP的情感认同。运用大数据分析、搜索引擎优化、社交媒体广告投放等方式提升品牌曝光度和产品销量。开设主题快闪店、参加展会、举办主题活动，让消费者亲身体验IP的魅力。建立多元化的销售渠道，包括线上电商平台、自有官方网站、实体店等，并加强对经销商和零售合作伙伴的管理与支持。根据市场反馈及时调整产品设计与营销策略，保持IP产品的创新性与新鲜感，延长IP生命周期。

设计爆款IP产品需要从多个方面进行考虑和规划，且应具备天时、地利、人和多个方面的条件。只要深入了解IP的本质和价值、找准目标市场和消费者需求、注重产品质量和创新，以及运用有效的营销策略，就一定有机会创造出爆款IP产品。

第十章
“泛IP”语境下新经济模式与IP产品设计

我们正处在一个创新的时代，一个内容融入科技的时代，一个多元文化融合的时代，一个新经济模式不断涌现的时代。“泛IP”语境下IP的多元性会随着文化的价值回归而得到调整，从而让多元文化在新经济新模式下得以真正升华。

了解新的经济模式、经济现象、商业模式及营销方式，并分析其与IP产品设计相互之间的关联，有利于更为全面地展示IP产品设计。

新经济模式与IP产品设计的探讨包括“文化消费”与IP产品设计、“泛娱乐”与IP产品设计、“体验经济”与IP产品设计、“话题经济”与IP产品设计、“盲盒经济”与IP产品设计、“数字经济”与IP产品设计、“流量经济”与IP产品设计、“联名跨界”与IP产品设计等内容。

“文化消费”与IP产品设计

“文化消费”是指人们为了满足精神需求而购买、使用和享受各种文化产品和服务的行为。随着社会经济的发展和人民生活水平的提高，“文化消费”逐渐成为人们日常生活的重要组成部分。

“文化消费”包含广泛的领域。不仅包括传统的文化产品形式，还包括新兴的文化娱乐及其相关产品形式。“文化消费”对于个人和社会都具有重要的意义。对于个人来说，“文化消费”能丰富生活，提升审美情趣，培养艺术修养，增强综合素质。通过“文化消费”活动，人们能获得精神上的愉悦和满足感，提高生活质量。对于社会的发展来说，“文化消费”是推动文化产业发展和经济增长的重要力量。随着人们对文化产品和文化服务需求的增加，文化产业逐渐成为国民经济的支柱产业之一。“文化消费”的增长带动了相关产业的发展，创造了就业机会，促进了经济结构的升级和转型。

IP是具有高辨识度、自带流量、强变现穿透能力的文化符号。在“泛IP”语境下，IP已经从最早的文学、动漫和影视作品延伸到各种文化内容领域。而由IP内容所创生的IP产品则是“文化消费”的重要组成部分。故宫博物院的“故宫猫”、苏州博物馆的“吴门四家”、陕西历史博物馆的“唐妞”和敦煌研究院的“飞天”都是市场上热门的IP产品，也成为当下“文化消费”的热门商品。

从商业的角度来看，当资本开始利用IP，当企业开始打造IP，都是希望通过IP将产品深刻地融入消费者的生活，加强企业与消费者的关系，加深消费者对企业的理解和喜爱。IP能够独立作为品牌文化的代表，传达品牌形象的历史和故事。这种故事性的特点是品牌文化在IP中的隐性提取和显性呈现，是传统和创新的结合。

随着社会的发展和人们生活水平的提高，人们对精神文化生活的需求也在不断增长。这种需求的增长推动了“文化消费”的发展，也为IP产品提供了广阔的市场空间。通过具有独特文化内涵和艺术价值的IP产品设计满足消费者对高品质文化生活的追求。

“文化消费”的发展还推动了IP产品的多元化发展。随着消费者需求的多样化，单一的IP产品已经无法满足消费者的需求。需要通过设计多元化的IP产品来满足消费者的不同需求。故宫通过多元化的合作战略，鼓励故宫IP产品的多样化、商业化发展，同时采用了自营、合作经营和品牌授权等方式，使得产品体系更加丰富和多元化。

在现代社会中，各种文化元素都在不断地相互交融和碰撞。跨界融合为IP产品设计提供了无限的可能性，它将不同的文化元素融入产品中，创造出独特的产品体验，从而吸引更多的消费者。因此，“文化消费”的发展也推动了IP产品的跨界融合。

“文化消费”的发展对IP产品设计起到了重要的促进作用。它不仅为IP产品设计提供了广阔的市场空间，也推动了文化产业的创新和发展，更促进了IP产品的多元化和跨界融合。

“泛娱乐”与IP产品设计

随着互联网、移动通信、人工智能等技术的发展，人们获取和享受娱乐的方式发生了巨大的变化。人们通过手机、电脑等设备随时随地看电影、玩游戏；人们通过社交媒体、直播平台等渠道与他人分享和交流娱乐体验；人们通过大数据、人工智能等技术获得更为个性和更为精准的娱乐推荐。“泛娱乐”不仅“泛化”了娱乐的形式和内容，也“泛化”了娱乐的生产和消费方式。

“泛娱乐”中的“泛”是指娱乐的形式和内容的广泛和多样性，能满足不同人群的不同需求。在“泛娱乐”理念中，各种娱乐形式和内容不再孤立，而是相互融合、相互影响。电影IP衍生出相关的游戏、音乐、图书、玩具、生活日用品等其他形式的娱乐产品；游戏IP有对应的电影、动漫产品等衍生形态。这种融合和互动不仅能增加娱乐的趣味性和吸引力，也能扩大娱乐的影响力和覆盖面。

“泛娱乐”是一个充满创新和变革的概念，它代表了娱乐的未来发展趋势。在这个趋势下，娱乐将更加丰富、多元化和个性化，也将更加强调IP内容和形式与消费者之间的互动、参与、共享。因此，“泛娱乐”也促进了IP产品的发展，IP产品成为“泛娱乐”的重要发展方向。在“泛娱乐”的大背景下，通过对已有的IP内容进行产品创新设计，能开发出各种各样的IP产品。这些IP产品不仅能满足人们的娱乐需求，也能产生巨大的商业价值。

“泛娱乐”为IP产品设计提供了更多的素材和灵感。在“泛娱乐”模式下，用户对娱乐产品的要求越来越高，他们不再满足于传统的娱乐形式，而是希望能够体验到更加新颖、独特的娱乐方式。IP产品必须具备创新性，能够提供给用户全新的娱乐体验。IP产品设计需要更加注重创新思维的培养，以推动产品的创新发展。

在“泛娱乐”模式下，消费者对娱乐产品的需求不仅体现在娱乐体验上，还体现在消费体验上。因此，IP产品必须具备商业化的能力，能够满足用户的消费需求。而IP产品设计则需要更加注重商业模式的设计和运营策略的制定，以实现产品的商业化发展。

“体验经济”与IP产品设计

1970年，美国著名的思想家和未来学家阿尔文·托夫勒（Alvin Toffler）在其《未来的冲击》一书中首次提出“体验经济”。在书中阿尔文·托夫勒将“体验经济”描述为“来自消费者的压力和希望经济继续上升的压力，将推动技术社会朝着未来体验生产的方向发展。‘体验经济’是超工业化经济的支柱之一，甚至成为服务业之后经济的基础”。并大胆预测“体验经济”将是继农业经济、制造经济、服务经济后，下一个经济发展浪潮。1999年，B·约瑟夫·派恩（B. Joseph Pine）和詹姆斯H·吉尔摩（James H. Gilmore）合著的《体验经济》，正式将“体验经济”作为研究对象，并较为全面地建构其理论体系与实践的框架，即“体验经济”通过商品的体验来赢得消费市场的青睐，也是产生商品附加价值的重要指标。随着商品价值与消费体验紧密挂钩，作为商品重要组成部分的包装也逐渐转变为一种能提供积极体验的商品参与物。

“体验经济”是信息时代的产物，“体验”被视作一种经济商品，而不仅是商品或服务本身。这意味着当消费者购买某种商品或服务时，实际上是在购买与之相关的体验。这种体验是难忘的、独特的，甚至是一种个人参与的方式。随着“体验经济”的出现，产品设计思维也发生了变化。设计不再仅关注产品的功能性，而是更加注重消费者的感性体验，要求产品与用户进行双向多元化的互动交流，从产品到生态内涵的角度去重新考虑产品。

“体验经济”的核心是提供独特的、无法复制的体验。一家餐厅能提供美味的食物，这并不足以吸引顾客，如果餐厅能提供独特的就餐环境，或提供优质的服务，那么就能在众多的竞争者中脱颖而出，吸引更多的顾客，这便是“体验经济”的魅力所在。

“体验经济”下企业不再仅是商品的生产者和销售者，而成为提供体验的服务者。消费者不再仅关注商品的价格和质量，而是更加注重购买和使用商品过程中的体验。因此，这要求企业在产品设计、服务提供和营销策略等方面进行创新。

“体验经济”的实现，需要有创新的思维和策略，需要深入了解消费者的需求和期望，以便提供符合消费者需求的产品和服务。“体验经济”还需要不断创新，以提供独特的、无法复制的体验，建立有效的营销策略，以便将这种体验有效地传达给消费者。

当下在全球范围内，许多企业开始将IP深入融入产品和服务中。“泛IP”语境下的IP产品设计，IP内容从主题的形象开始，逐渐转变为内容图像、叙事表达和交互叙事表现，IP产品的形式从具体产品开始，逐渐向实体场景、文化活动服务等转变。“体验经济”下的IP产品不仅加强了企业与消费者之间的关系，还加深了消费者对企业的理解和喜爱。

在传统消费观念影响下，消费者只是被动地接受产品的信息和使用方式。而在“体验经济”中，消费者能通过与产品的互动来获得更加丰富的体验和感受。这种互动性和参与感能激发消费者的购买欲望和忠诚度，从而促进产品的销售和发展。IP产品设计正是通过将IP融入产品，使得消费者与IP内容互动来获得更加丰富的体验和感受。在以生活日用品为载体的IP产品设计中，将IP融入产品表达中，可以使消费者在日常生活中与IP元素互动，从而提高生活的趣味性和参与感。

功能性产品的价值体现在实用上，而在“体验经济”中，产品的价值更多地体现在其情感价值和文化内涵上。消费者通过购买和使用产品来满足情感需求和文化追求。IP产品具有独特的文化符号，满足消费者对于情感价值和文化内涵的需求。迪士尼公司将旗下的米老鼠、唐老鸭等知名IP元素融入各种IP产品设计中，使得这些IP产品不仅具有了独特的个性特征，还具有较高的品牌价值和市场竞争力。

“话题经济”与IP产品设计

“话题经济”是一个较新的概念，主要是指通过社交媒体、网络平台等新媒体渠道，以热门话题为载体，进行信息传播、互动交流，进而推动相关产业发展的一种经济形态。“话题经济”的实质是一种“注意力经济”。在信息爆炸的时代，人们的注意力成为了一种稀缺资源，而“话题经济”就是通过创造和宣传热门话题，吸引人们的注意力，从而实现商业价值的经济模式。

“话题经济”的发展过程可分为话题创造、话题传播和话题变现三个阶段。利用社交媒体、网络平台等渠道进行广泛传播，吸引更多的人参与讨论，形成强大的社会影响力。

“话题”往往与时事热点紧密相关，一旦时事热点过去，话题的热度也会迅速下降。因此，“话题经济”具有很强的时效性。“话题”的创造需要敏锐的洞察力和快速的反应能力。在“话题经济”中，用户不仅是信息的接收者，也是信息的生产者和传播者，因此“话题经济”具有很强的互动性。用户通过评论、转发、创作等方式参与到话题的传播中来，形成了一种广泛的社会互动。政治、经济、文化、娱乐等各种领域的话题，都有可能成为“话题经济”的载体，从而吸引不同群体的用户参与。因此，“话题经济”的包容性也很强。

在“泛IP”语境下，“话题”也成为IP的一种形式。虽然市场上由“话题IP”所产生的IP产品并不多见，但也有些“话题性”IP产品引起了社会的讨论，如2022年的“祖孙女俩”的车贴和“鼠头鸭”玩具等。

知名的IP都拥有强大的影响力，不仅能够吸引大量关注，还能衍生出各种周边产品和文化衍生品，从而实现商业价值的最大化。这些IP产品设计往往紧扣当下的社会热点和流行趋势，能有效地推动相关话题的传播和变现。

随着社交媒体、短视频等新媒体平台的兴起，人们获取信息和娱乐的方式发生了巨大变化，对于内容的质量和创新性要求也越来越高。IP产品设计需要不断创新和升级，以满足消费者的需求和期待。

“话题经济”与IP产品设计发展之间的关系还体现在市场竞争和商业模式创新上。随着市场竞争的加剧和消费者需求的多样化，企业需要通过差异化竞争来获得优势地位。在这个过程中，IP产品设计成为了一种重要的竞争手段。通过打造独特的IP内容来制造话题，吸引大众的关注，由此让企业在激烈的市场竞争中脱颖而出，赢得消费者的青睐和支持。

“盲盒经济”与IP产品设计

“盲盒经济”是建立在盲盒商品营销基础上的经济形态。盲盒商品营销是消费者不能提前得知具体消费商品款式内容的一种营销模式。“盲盒经济”并不是一种新兴的营销形式，起源可追溯到日本19

世纪后半叶的明治时期，由百货公司推出的年末促销的一种特殊包装的商品——“福袋”，它是一种使用不透明的包装袋来销售的促销商品。消费者并不清楚包装袋中的商品，但是他们知道“福袋”所销售的商品远低于正常购买商品的价格。“福袋”销售不仅能帮助百货公司清理尾单货品，消费者也能够买到实惠的物品，通过特定的消费活动获得新年的礼物和福气。这种类似于抽奖形式的“福袋”销售活动，在物质基础比较落后的时代受到日本民众的欢迎。这种双赢的模式使得百货公司的生意变得异常红火，“福袋”商品营销也逐渐成为日本年节期间的一种常态化的商品营销手段。

盲盒商品营销的另一种形式是“扭蛋”，“扭蛋”产生于美国，并在日本得到发展。“扭蛋”的前身是美国19世纪末20世纪初出现的口香糖自动售卖机，1956年PENNY KING公司开始使用塑胶容器包装自动售卖机中的口香糖和玩具小礼品。1965年这种售卖模式被PENNY株式会社引进到日本，并逐渐开始流行。到了20世纪90年代，日本万代（BANDAI）公司将自助消费塑胶模型的机器进行改良，并根据操作自动售卖机所发出的声音取名GACHA，即“扭蛋机”。消费者可以根据印制在“扭蛋机”外部的广告，了解售卖商品的款式信息。自助投币并扭动开关，“扭蛋机”下方就会投放出蛋形胶囊包装的“扭蛋”商品。由于“扭蛋”在胶囊型的包装内放置了不同形态的商品，并且“扭蛋”放出过程具有随机性，“扭蛋”也被认为是盲盒商品的一种形式。“扭蛋”销售过程中的交互性、趣味性、惊喜性、不确定性等特点，使得“扭蛋”商品得到了当时日本年轻人的欢迎，从此“扭蛋机”在日本开始风靡，并形成独特的“扭蛋文化”。

“盲盒经济”模式于20世纪90年代在我国出现，起初是一种“集卡式”的营销手段，消费者通过消费商品能够获得附属于商品包装中随机赠送的制作精美的卡片，这种卡片呈系列化出现，使消费者产生收藏的热情。

“盲盒经济”在我国的另一种形式是儿童食品中的附属玩具，简称“食玩”，较早期是袋装“食玩”，即将不同造型的小玩具随机地放置在食品包装袋中，特别是膨化食品，诸如卜卜星、洋葱圈、虾条等食品。到后来又出现了一种叫作奇趣蛋的“食玩”产品，使用蛋形的封闭式食品包装，在包装内除食品外还附送一个小型玩具，这种包装形式在糖果类或巧克力食品中较为多见。目前，市场上还有众多的奇趣蛋“食玩”产品，如健达巧克力、迪士尼巧克力、M&M′s豆糖果等品牌“食玩”产品。

2005年，日本Dreams Inc株式会社推出盲盒商品Sonny Angel，使用外观完全相同的密封纸盒来包装销售不同款式的Sonny Angel商品，只有完成消费拆开盒子以后才能知晓盒内商品的具体款式。Sonny Angel系列商品的可爱造型，结合这种“拆盒惊喜”的互动式营销手段，使得Sonny Angel迅速走红，成为日本年轻人的潮流消费品。到了2012年我国渐渐开始出现有关盲盒的概念和相关的盲盒话题讨论。到2016年，泡泡玛特（POP MART）公司将大量盲盒商品推向我国市场，盲盒才在我国大量出现。2019年被称作我国“盲盒经济”的元年，主要原因是2019年盲盒才真正在我国风靡，并形成一种独特的经济现象。

盲盒是一种基于潜在成瘾机制设计的“泛IP”封闭消费场景，通过“消费者”强化性的文化消费所产生的荣誉感，以及“泛娱乐”化的内容指引和活动化的“安慰效应”，为消费者带来独特的消费体验。盲盒的特点在于其不确定性和惊喜感，消费者购买时并不知道里面具体包含哪种款式的IP产品，这种未知性刺激了消费者的好奇心和探索欲望。而当消费者打开盲盒后，会因为获得心仪的商品而感到满足，也可能因为得到的是重复或不喜欢的商品而产生再次购买的欲望。“盲盒经济”以其独特的魅力吸引了大量的年轻消费者。

“盲盒经济”的兴起与IP产品的多样性和市场需求的不断扩大密切相关。盲盒产品的IP分为设计师原创IP、卡通形象IP及衍生IP三类。当下能够持续识别并签约优质设计师原创IP成为盲盒企业的核心竞争力之一。优秀的盲盒IP不仅能够更快速地吸引消费者，还能扩大品牌知名度。目前，泡泡玛特、52TOY等知名盲盒企业都开始布局并推出了企业旗下自有版权IP的盲盒系列产品，也进一步推动了“盲盒经济”的发展。

“盲盒经济”能够受到年轻人喜爱并成为火爆的经济现象，是因为盲盒迎合了年轻人对商品求廉、求奇、求全、求异、求好五种消费动机上的需求。从艾媒咨询2021年1月发布的“2020年中国盲盒行业市场现状及市场调研分析报告”中可以看到，以泡泡玛特（POP MART）为代表的国内盲盒企业在2016年开始发力盲盒营销，到2019年中国“盲盒经济”掀起热潮。我国盲盒市场急速增长至74亿元，同比2018年增长了44.4%，相较2016年的28.2亿元增长了1.6倍。其中，泡泡玛特（POP MART）的营业收入从2017年的1.6亿元增长到2019年的16.8亿元，三年间营业收入为原来的10倍。调查显示，年轻群体对盲盒产品产生极大的兴趣。95后成为盲盒新兴的消费力量，占盲盒消费市场比近四成，盲盒手办也成为95后最“烧钱”的爱好。目前，我国围绕文学、影视、动漫、游戏、文博等IP的授权商品及其产业正处于高速发展阶段。当下我国的盲盒产品多数是基于IP内容而开发的手办类情感玩具，盲盒也成为文化消费品中IP变现的重要载体。当下我国盲盒市场发展势头迅猛，并有望发展成为全球盲盒消费的核心市场之一。

在社交媒体上，盲盒的开箱视频、分享和讨论成为了一个热门的话题。许多年轻人通过分享自己的盲盒开箱经历，来展示自己的运气和品位。这种社交化的购物体验，使得“盲盒经济”得到了快速的推广和发展。盲盒的价格相对较低，使得消费者可以承受得起。盲盒的商品种类丰富，满足了消费者的多样化需求。盲盒的神秘感和期待感，使消费者愿意为了这种未知的体验而付费。盲盒的社交化属性，使消费者在购买和分享的过程中都能获得乐趣与满足感。

盲盒商品神秘感和期待感的产生，很大程度上依赖于IP产品的设计和包装。只有当IP产品具有足够的吸引力和独特性，才能吸引消费者去购买和打开盲盒。盲盒作为一种新兴的消费模式，正好满足消费者对于新鲜、有趣、惊喜的需求。“盲盒经济”也反过来推动了IP产品设计的创新。为了吸引消费者，不仅需要在IP的选择上下功夫，还需要在产品设计上进行创新。一些企业会推出限量版的盲盒，或者设计出具有互动性的盲盒，以增加消费者的购买欲望。这些创新设计不仅提高了盲盒的销售量，也提升了IP的知名度和影响力。

“数字经济”与IP产品设计

“数字经济”基于互联网的经济形态，互联网的普及和发展为“数字经济”提供了基础设施。网络能实现全球范围内的信息交流和资源共享，打破地域限制，促进经济的全球化发展。

“数字经济”下的数字化产品也成为IP产品新的形式，其中最具有代表性的产品就是数字藏品。

数字藏品又被称为数字艺术品、虚拟收藏品或NFT（Non-

Fungible Token），是一种基于区块链技术的独特数字资产。数字藏品可以是图像、音频、视频、3D模型，甚至是游戏道具、社交媒体帖子等各种形式的数字化内容，每一个数字藏品都具有独一无二的标识符和所有权记录，确保了其不可复制、不可分割且权属明确。

数字藏品的核心价值在于其唯一性与稀缺性。区块链技术，尤其是通过以太坊等支持智能合约的公链，让每个数字藏品都能被赋予一个无法篡改的“数字指纹”——NFT标签。这个标签详细记录了藏品的所有权历史、创作者信息及作品属性等，并能在去中心化的网络中实现安全、透明的流转。这意味着每一份数字藏品都是独一无二的，即使在互联网环境下，也能像实体艺术品一样具有独特的价值和收藏意义。

数字藏品拓宽了艺术创作和收藏的可能性。传统的艺术收藏往往受限于物理空间和保存条件，而数字藏品则打破了这些限制，让艺术作品能够以数据形态在网络世界中永存。同时，艺术家们可以通过数字藏品的形式进行更多元、更具创新性的表达，如动态画作、交互式音乐等新型艺术形式。

数字藏品市场也为创作者提供了全新的收益途径。借助区块链技术，每一次数字藏品的交易都会为原作者带来一定比例的版税收入，实现了对创作者知识产权的长期保护和经济激励。

数字藏品的应用场景正在不断丰富和扩展，除了艺术领域，还在游戏、音乐、体育赛事纪念、域名、票务等领域展现出广阔的应用前景。如热门游戏中限量发行的虚拟装备作为数字藏品被玩家追捧，不仅提升了游戏体验，还形成了活跃的数字商品交易市场。因此，数字藏品也成为一种基于“数字经济”下的IP产品形态。

数字藏品作为一种新兴的IP产品形态，是IP产品在数字化时代的延伸和发展，是IP产品在数字化领域的一种新型表达方式，区块链技术为每一个数字作品生成独一无二的标识，并且区块链技术确保其唯一性、可验证性和不可篡改性，确保了每个藏品的稀缺性和所有权归属。它将实体或原创的IP文化元素通过数字化技术手段转化为虚拟资产，数字藏品承载文物信息、艺术品、音乐、影视作品等多种文化内容，从而拓宽了IP产品的边界，让文化传承与保护有了更为便捷、高效的方式。数字藏品常以IP形象、艺术品、音乐、视频剪辑、游戏角色道具等多种形式表现，是对原IP内容的二次创作或直接数字化转化。

数字藏品能够将实体文物、艺术品或其他文创实物转换为数字形式，使得全球范围内的用户都能够通过网络接触并收藏这些富含文化价值的产品，提高了文化传播的广度和速度。数字藏品通常以更符合现代年轻人审美的方式展现传统文化，如采用3D模型、AR/VR互动技术等，使传统文化以更新颖、更生动的形式呈现，增强了文化的吸引力和活力。区块链技术的应用保障了数字藏品的所有权清晰、交易透明，有助于IP产品创作者获得应有的权益回报，同时也鼓励了更多创意内容的产出。

数字藏品市场的发展催生出新的商业模式，如限量发行、线上拍卖、衍生品授权等，这不仅激活了IP市场的潜力，也为文化产业创造了新的经济增长点。IP通过数字藏品的形式赋予传统内容全新的生命，让追随者和收藏家能够以数字化的方式持有和展示他们喜爱的IP元素，从而拓宽IP产品的市场边界和消费体验。数字藏品的区块链属性有助于实现IP产品的版权追溯和有效保护，确保原创者能够长期从IP产品的销售中获得收益。品牌和IP所有者通过发行数字藏品，不仅能吸引新用户群体，还能创造额外的销售收入流，提升IP的品牌价值和市场热度。数字藏品往往能激发社区参与度，收藏者购买并持有数字藏品后，会成为IP更活跃的支持者，并参与到围绕该IP的线上社群活动及社交网络中。数字藏品使得传统文化IP得以跨越时空限制，通过数字化手段让更多的人接触和了解，助力中华优秀传统文化和其他有价值的文化IP在数字时代焕发新生。

随着互联网的普及和移动设备的广泛使用，人们能随时随地获取和分享信息，这为IP产品的传播提供了便利。“数字经济”的发展也催生了各种新的商业模式，这些模式为IP产品的销售提供了新的机会。

在“数字经济”的背景下，通过大数据、人工智能等技术，对用户的需求和行为进行深入分析，可以更好地理解用户，设计出更符合用户需求的IP产品。“数字经济”还推动了IP产品的多元化发展。用户不再只是被动接受产品，而是参与到产品的设计和生产过程中来。通过众筹平台，用户提前预订感兴趣的IP产品，甚至对产品的设计提出建议。这种参与式的方式不仅提高用户的满意度，也帮助企业更好地了解市场需求，优化产品设计。

“数字经济”提供了丰富的传播渠道和平台，使得IP产品的推广更为便捷和广泛。在互联网、社交媒体等数字平台上，IP产品能通过各种形式如文字、图片、音频、视频等进行展示，大大提升了IP产品的曝光率和影响力。“泛IP”语境下的IP化运营概念，强调对IP价值的挖掘、孵化、持续性创造，使IP逐渐成为泛娱乐生态系统的核心。通过优质原创内容吸引追随者，通过再创作延伸至其他领域，实现追随者数量的指数级增长和追随者群体的横向拓展。

“数字经济”的发展促进了IP产品的多元化发展。以元宇宙为例，预计其产品的开发与推广将与头部IP紧密结合，借助庞大的追随者基础、成熟的运营经验和高变现力降低市场风险。

人工智能技术也在内容创作、推荐系统等方面发挥了重要作用，进一步提升了IP产品的用户体验和黏性，在众多的IP产品中脱颖而出，吸引用户的注意力，以及在瞬息万变的市场环境中快速适应并抓住机遇。“数字经济”的数据分析和人工智能技术为IP产品的精准营销提供了可能。通过对用户行为和喜好的大数据分析，企业可以更深入地理解用户需求，从而设计出更符合市场需求的IP产品。

“流量经济”与IP产品设计

“流量经济”是近年来在互联网行业中广泛使用的概念，主要指通过提供各种在线服务，吸引大量的用户访问和使用，从而产生巨大的流量。这些流量成为产品宣传的基础，也为后期产品销售培育潜在的消费人群。

“流量经济”的基本原理是“规模效应”。在互联网行业，用户数量和活跃度是衡量平台或服务成功与否的关键指标。平台的用户数量越多，其产生的流量就越大，从而吸引更多的广告商和合作伙伴，形成良性循环。大量的用户也意味着更多的数据，这些数据能被用来改进产品和服务，提高用户体验，进一步吸引更多的用户。

IP产品是在“流量经济”背景下，通过对IP内容的创新设计和应用，以吸引用户关注和使用，从而实现商业价值的一种方式。“流量经济”的发展为IP产品设计提供了广阔的市场空间。在互联网时代，信息的传播速度和范围都得到了前所未有的提升，这使得IP产品的设计和应用有了更大的可能。通过精心设计和推广，IP产品能迅速吸引大量的用户关注。好的IP产品不仅能吸引大量的用户，还能通过用户的口碑传播，进一步扩大其影响力，吸引更多的流量。

“流量经济”与IP产品设计之间的关系并非总是和谐的。“流量经济”的快速扩张会导致IP产品过度商业化，从而损害其艺术性和创新性。IP产品过度追求流量也会导致质量下降，失去用户信任和支持。在“流量经济”和IP产品设计之间找到平衡点，既能充分利用“流量经济”的优势，又能保持IP产品的艺术性和创新性。在设计和推广IP产品时，既要注重其商业价值，也要注重其艺术价值和社会价值。

“联名跨界”与IP产品设计

在“泛IP”语境下，“联名”是指两个或多个IP或企业进行合作，共同推出一款新的产品或者服务。这种合作方式不仅可以提高双方的品牌知名度，还可以吸引更多的消费者，从而实现双赢。当下的IP联名甚至做到“每周一小联，每月一大联”的情境，而这种现象也表明，IP已经从单一的文化符号转变为驱动经济发展的关键要素，其价值链条覆盖创意产出、内容生产、市场营销、消费者体验等多个环节。

很多品牌会选择和名人进行“联名”，推出名人定制款的产品。苹果公司就曾经和很多名人进行过“联名”，推出了很多名人定制款的iPhone。“泛IP”语境下，除品牌和名人外，还有很多其他种类的IP联名。“联名”让更多的人了解到合作双方的品牌，从而提高品牌的知名度。

“联名”能吸引到更多的消费者，从而扩大市场份额。和知名的IP进行联名，能提升品牌的形象，让消费者认为品牌更加高端、专业，让双方的品牌互相借力，提高品牌的知名度和影响力。“联名”还能够激发出更多的创新思维，推出更多独特的产品。

“联名”在当前新消费时代已经成为一种重要的市场策略，对IP产品设计的发展起着显著的促进作用。“联名”款产品的独特设计和有趣风格对新青年具有强大的吸引力。各大品牌纷纷寻求通过联名合作来提高产品知名度，并和消费者建立更多的情感连接。许多品牌选择与热门电影、动漫、音乐等IP进行联名，设计出独具特色的产品，吸引消费者的眼球并引起他们的好奇心。这种合作不仅能够打破消费者一贯的认知，提高IP认知度，而且能够迎合现在年轻人的口味，迎合时尚发展潮流。

“联名”能助力品牌与品牌相互推动，取得“1+1＞2”的市场营销效果。当两个或者多个知名IP进行“联名”时，能叠加出超强的市场关注度和吸引力。

随着“联名”产品的层出不穷，挑选与自身产品及目标消费者相符的IP，并持续打造和输出符合市场趋势的概念产品成为当下IP产品开发需要深入思考的问题。应不断创新和尝试新的联名策略，以满足消费者日益多元化和个性化的需求。

在进行“联名”时，需要确保各方的权益不受侵犯，也要考虑到消费者的接受度和市场需求。在进行IP产品设计时，要充分尊重和保护知识产权，同时注重产品的创新性和实用性。

“跨界”是指两个或多个不同领域的品牌或者企业，通过共同推出一款产品或者服务，以达到互相推广、扩大影响力的目的。这种策略通常能够吸引大量的消费者关注，结合不同领域的特色和优势，创造独特的产品。

“跨界”的概念源于品牌跨界合作，与传统的品牌合作有所不同，传统的品牌合作通常是两个品牌各自推出自己的产品，然后在包装上印上对方的品牌标志，以此来提高双方的知名度。“跨界”是两个不同领域的企业共同研发一款全新的产品，这款产品既包含了A企业产品的特色，也包含了B企业产品的特色，甚至可能还融入了其他领域的元素。在“泛IP”语境下，“跨界”不仅包含了产品和品牌的跨界合作，还包含了IP与产品、IP与品牌、IP与IP的跨界合作。“跨界”能够打破传统的行业界限，将不同领域的创新思维和理念结合在一起，创造出全新的产品。通过“跨界”，消费者群体能互相交叉，从而扩大各自的影响力。“跨界”能让消费者看到品牌的多元化和创新能力，从而提升品牌形象。

在“泛IP”语境下，通过与其他品牌或领域的合作，IP能将其影响力扩大到更广泛的领域，吸引更多的消费者。如迪士尼与LV、优衣库等品牌的跨界产品，不仅提升了迪士尼的品牌影响力，也为合作品牌带来了新的消费者群体。

“跨界”还能够为IP产品设计提供新的灵感和创新方向。通过与其他品牌或领域的合作，IP能从中获得新的设计理念，从而丰富产品设计的内涵。“跨界”帮助IP产品更好地满足消费者的个性化和多样化需求。通过与不同领域的品牌或IP进行合作，IP从合作伙伴那里得到新的设计灵感和元素，进一步丰富自身的产品设计理念。

“跨界”增强IP产品的市场竞争力。通过“跨界”，IP利用合作方的市场资源和技术优势，进一步提升产品的质量和功能，使其在市场竞争中具有更强的竞争优势。一些运动品牌如361°、安踏等，通过与IP的跨界合作，推出了多款兼具IP文化和功能的运动鞋产品，得到了市场的热烈反响。

“联名”与“跨界”都是近年来在商业领域中常见的商业模式，也成为一种合作营销的手段。在多数情况下，“联名”与“跨界”是同时发生的，在行业内两者之间并没有本质的区别。“联名跨界”对于IP产品来说也是一种有效的营销策略，对IP产品设计的发展起到了积极的推动作用。通过“联名跨界”，IP产品不仅能扩大影响力，还能吸引更多的消费者关注。这对于IP产品的长期发展和商业价值实现具有重要意义。

结 语

IP始终是“内容为王”时代的最佳注脚，离开内容的IP，再热闹也难逃昙花一现的命运。优秀内容在获得良性的市场价格的情况下，才会促进整个IP市场的良性发展。把文化变成产业，必然凸显IP的商业运作和商业价值。

“泛IP”语境下，为了实现IP产品的纵深化发展，一个最为基础的途径就是面对不同需求，针对IP产品进行多维的设计与应用，以IP产品设计结合IP赋能及IP文化宣传的目标为导向，最终实现IP产品设计与开发的能效最大化。

在“泛IP”语境下人们对传统文化IP和新兴文化IP内容的了解途径也因此大大拓宽。不难预见，未来一定会兴起文化IP开发的热潮，IP产品也会伴随着这股热潮不断发展，因为这是一座宝藏型的IP富矿。

随着时代的发展，人类经历由农业经济、工业经济向服务经济、体验经济转变。而对于内容的创作也由PGC到UGC，再转变到AIGC。AIGC时代能够相对容易地创作大量IP内容，这不仅丰富了IP产品的内容供给，也带来了IP产品主题的多样化和多元化，并产生了更为激烈的市场竞争。AIGC时代的IP爆炸及其所产生的一系列连锁反应，也促进了IP产品的发展。

IP产品设计是一个由中英双语构成的词语，但是它的产生、发展与壮大都与中国的经济环境和文化环境有着紧密的联系，甚至影响到了欧洲、美国、日本等。在新的时代背景及新的技术手段支持下，IP产品设计将会成为未来产品设计发展中的一个重要的分支。IP产品设计也会成为未来人们对文化消费需求下产品经济发展又一重要的推动引擎。

参 考 文 献

[1] 王受之. 世界现代设计史[M]. 2版. 北京:中国青年出版社,2015.

[2] 唐纳德·A·诺曼. 设计心理学1:日常的设计[M]. 小柯,译. 北京:中信出版社,2021.

[3] 唐纳德·A·诺曼. 设计心理学2:与复杂共处[M]. 张磊,译. 北京:中信出版社,2021.

[4] 唐纳德·A·诺曼. 设计心理学3:情感化设计[M]. 何笑梅,欧秋杏,译. 北京:中信出版社,2021.

[5] 唐纳德·A·诺曼. 设计心理学4:未来设计[M]. 小柯,译. 北京:中信出版社,2021.

[6] 梁梅. 世界现代设计史(增补版)[M]. 上海:上海人民美术出版社,2021.

[7] 伯恩哈德·E·布尔德克. 产品设计:历史、理论与实务[M]. 胡飞,译. 北京:中国建筑工业出版社,2007.

[8] 何人可. 工业设计史[M]. 5版. 北京:高等教育出版社,2010.

[9] 王田力. 文创IP价值评估方法及其应用研究[M]. 北京:首都经济贸易大学出版社,2023.

[10] 陈琼. 文化IP:在无形资产中创造文化价值[M]. 北京:中国电影出版社,2017.

[11] 宋朝丽. 擦亮传统文化IP 如何激发文化场馆活力[M]. 北京:知识产权出版社,2023.

[12] 尼跃红. 影视IP授权理论与实践[M]. 北京:中国电影出版社,2022.

[13] 于雷霆. IP打造和营销实战手册[M]. 北京:人民邮电出版社,

2016.
［14］陈格雷. 超级IP孵化原理［M］. 北京：机械工业出版社，2020.
［15］姚小飞. 品牌IP［M］. 北京：中国纺织出版社，2022.
［16］陈巧燕，不花公子. 泛娱乐营销：IP化运营之路［M］. 北京：电子工业出版社，2018.
［17］尹高明. IP变现：个人品牌IP打造及变现实操［M］. 北京：化学工业出版社，2022.
［18］李伟. 爆款IP打造与运营：内容创作+吸粉技巧+赢利模式［M］. 北京：化学工业出版社，2019.
［19］高德. 超级IP：互联网时代的跨界营销［M］. 北京：现代出版社，2016.
［20］王丽. 特色文化IP与文创产品设计［M］. 杭州：浙江大学出版社，2021.
［21］毕尔雅娜·米科夫. 文化创意：经济增长新引擎［M］. 蒋璐墙，送璐，译. 北京：中国人民大学出版社，2020.
［22］张颖娉. 文化创意产品设计及案例［M］. 北京：化学工业出版社，2020.
［23］周睿，费凌峰，高森孟. 文创产品设计开发与实践［M］. 北京：化学工业出版社，2023.
［24］B·约瑟夫·派恩，詹姆斯·H·吉尔摩. 体验经济［M］. 夏业良，鲁炜，译. 北京：机械工业出版社，2008.
［25］张宇征. 包装的力量［M］. 北京：机械工业出版社，2023.
［26］从志强. 消费主义语境下当代中国设计生态研究［M］. 北京：中国纺织出版社，2018
［27］罗伯特·罗斯曼，马修·迪尤尔登. 最佳体验：如何为产品和服务设计不可磨灭的体验［M］. 林龙飞，盛昕宇，常星宇，译. 北京：电子工业出版社，2021.

[28] Susan Welnschenk. 设计师要懂心理学[M]. 徐佳,马迪,余盈亿,译. 北京:人民邮电出版社,2013.
[29] 宋磊. 卡通形象营销学[M]. 上海:华东师范大学出版社,2014.
[30] Donald·A·Norman. 情感化设计[M]. 付秋芳,程进三,译. 北京:电子工业出版社,2005.
[31] 白藕. 新时代文创产品设计[M]. 北京:清华大学出版社,2023.
[32] 徐鸣. 文创产品设计[M]. 武汉:华中科技大学出版社,2023.
[33] 张煜鑫. IP形象设计与衍生品开发[M]. 北京:化学工业出版社,2024.
[34] 牛兴侦. 泛娱乐×IP:跨界融合与协同发展[M]. 北京:中国书籍出版社,2017.
[35] 宋述亮. "红色"文化文创产品设计探究[D]. 重庆:重庆师范大学,2019.
[36] 陈凌云. 博物馆文化创意产品开发研究[D]. 上海:上海大学,2018.
[37] 张振中. "盲盒热潮"下博物馆文创产品开发的思考[J]. 中国博物馆,2021(4):44-49.
[38] 张振中. "盲盒经济"模式下盲盒产品包装设计研究[J]. 包装工程,2021,42(8):227-233,275.
[39] 郑中允子. 博物馆文创与博物馆本体之间的关系:从中国国家博物馆文创实践出发[J]. 美术观察,2021(2):14-15.
[40] 罗小燕,郝一畅. 基于交互理念的食品包装设计探究[J]. 包装工程,2019,40(16):67-71.
[41] 马歌林,汪芸. 设计研究与食品研究:平行与交集[J]. 装饰,2013(2):54-63.
[42] 周睿,袁怀宇,黄华. 博物馆的美食文创设计开发研究[J]. 中国博物馆,2021(2):40-45.

［43］李如菁，何明泉. 博物馆文化商品的再思考：从跨界的观点出发［J］. 设计学报，2009，14（4）：69-84.
［44］姜璐. "IP"经营：博物馆提供公共文化产品与服务的新思路探索［J］. 中国博物馆，2017（1）：79-88.
［45］罗方妍. 文旅融合与创新背景下红色文创研发［N］. 中国文物报，2021-08-24（6）.

后 记

在本书接近交付的日子里，回望一路走来的经历，感慨万千。本书撰写历时2年，其间经历了多次重要的调整和修改，其目的是更好地、更为全面地展示“泛IP”语境下IP产品设计的全貌。在成书的过程中特别感谢爱妻王惠为本书撰写所提供的支持，包括平时生活中辛苦努力地担负起对两个孩子的教育工作，同时也对本书的撰写提出了许多宝贵的意见。同时，感谢郑州商学院产品设计教研室的同仁们，对本书的撰写所提供的建议与帮助。更有我那些可爱的学生们，他们在课堂上所提出的关于IP产品设计相关的各种“稀奇古怪”的问题为本书的撰写提供了许多思考的空间。感谢郑州商学院，学校宽松的学术研究环境为本书撰写提供了极好的条件。感谢黄河水利出版社的路夷坦编辑、张轲编辑两位老师为本书的编辑出版提供了极大的帮助。

最后对本书中所引用或间接参考成果的国内外各位前辈学者，在此一并致以深深的谢意。由于作者的认知水平和知识沉淀有限，本书虽然对“泛IP”语境下IP产品设计的基本概念和框架体系进行了界定，也对相关IP产品设计知识和内容进行了梳理，但“泛IP”理念是一个宏观的概念，所涉及的方面广泛，本书依然存在对“泛IP”及“IP产品”介绍所涵盖范围不够全面、介绍内容不够细致、分类形态不够完备等诸多方面的不足。

从业20余载，如白驹过隙，作为个人的首部专著，本来应该更加全面、更加细致，但是自知能力所及，必有所失，书中的观点和论述定存在诸多不足，虽已经历十余版的撰写修改，但恐仍有疏忽遗漏之处，望读者勿嘲，并恳请多加批评指正。

张振中

2024年3月15日于郑州